青少年探索发现百科丛书

地球活动

图书在版编目（CIP）数据

地球活动 / 澳大利亚威尔顿·欧文公司编著 ；黄湘雨译. -- 北京 ：中国地图出版社，2016.4
（青少年探索发现百科丛书）
ISBN 978-7-5031-7370-7

Ⅰ. ①地… Ⅱ. ①澳… ②黄… Ⅲ. ①地球－青少年读物 Ⅳ. ①P183-49

中国版本图书馆CIP数据核字(2014)第233843号

责任编辑：王俊友
翻　　译：黄湘雨
制　　作：占　艳
复　　审：徐丽娟
终　　审：周　敏

地球活动
[澳] 威尔顿·欧文公司授权出版

著作权合同登记号：图字01-2013-3100号

出版发行　中国地图出版社
社　　址　北京市西城区白纸坊西街3号　　邮政编码　100054
网　　址　www.sinomaps.com
印　　刷　北京盛通印刷股份有限公司　　经　　销　新华书店
成品规格　205mm×285mm　　印　　张　4
版　　次　2016年4月第1版　　印　　次　2016年4月北京第1次印刷
定　　价　22.00元
书　　号　ISBN 978-7-5031-7370-7
审 图 号　GS(2014)621号

咨询电话：010-83493060(编辑)，010-83493029(印装)，010-83543956、010-83493011(销售)

青少年探索发现百科丛书

地球活动

中国地图出版社

目 录

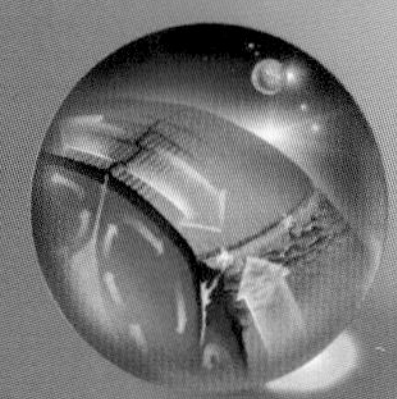

运动不息的地球 6

地震 20

火山 36

选择自己的阅读方式！

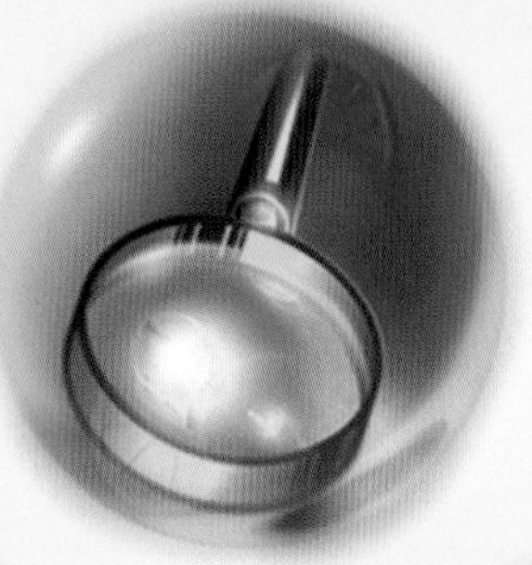

《地球活动》这本书不同于你以往读过的其他任何科普图书。本书首先为你介绍地球炽热的内部构造，通读全书后，你还会了解到其他星球上的火山情况。如果你对地震非常感兴趣，也可以直接从“摇晃的大地”部分开始阅读。

特色栏目为你提供大量的阅读渠道。你可以在“背景故事”中阅读亲身经历过火山爆发和地震的当事人的描述，或者在“自己动手”里享受创作的乐趣！在“词汇解读”里探索单词的来源，或者用“知识魔方”里有趣的事实来向你的朋友们演说！每次阅读时你都可以选择一种新的方式，“探索路径”会带你到任何你想去的地方。

背景故事

近距离接触

与地质学家基斯和桃乐西一起，飞越正在喷发的圣海伦火山，读读摄像师卡尔关于日本大地震的手记。看看邮政局长马萨是怎样看着一座火山在他眼前爆发的，与海洋学家哈里一起研究海底形态，在“背景故事”里分享伟大的科学家们的经历，观察令人毛骨悚然的地震以及壮观的火山喷发。想象一下你也在现场，你就会明白这些惊天动地的事件可能带来的感受，或许能领悟到一些东西，从而改变自己的世界观。

自己动手

模拟地震和火山

在厨房里模拟一次火山喷发；制作一个振动台来了解防震建筑；烘焙一块像火山似的蛋糕，用巧克力模拟岩浆；自己做一个地震仪来测量震动；通过双筒望远镜来观察月球表面的古代岩浆流的痕迹。“自己动手”的特色就是自己做实验，来模拟各种地震和火山喷发等现象，每个专栏都与该页的主题相对应。

词汇解读

好奇怪的词语！它是什么意思呢？它源自于哪里呢？“词汇解读”能让你找到答案。

知识魔方

可怕的事实、惊人的记录、神奇的人物——这些都能在“知识魔方”这一栏目里读到。

探索路径

当你从一个主题读到另一个主题时，可以通过“探索路径”这一栏目找到你想知道的。从哪里开始探索，完全取决于你自己！

准备！
集合！
开始探索！

8 你知道太阳系里各行星是怎么形成的吗？

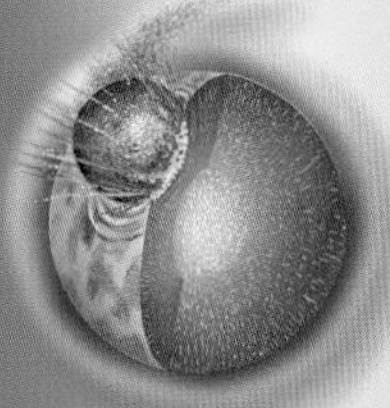

地球由好几层不同的结构构成。你知道各层的名称吗？

请看**炽热的地心**。

运动不息的地球

地球形成初期，经常发生地震和火山喷发，影响着地球的形态。大多数的地震和火山爆发都是由地表岩石的移动导致的。而这些岩石运动所需动力是由地心的热量提供的。热量使地核与地表中间的一些岩石熔化，岩浆像沸水一般上下翻涌。这种循环使地壳不断受到拉扯，经过数百万年，地壳逐渐破碎成一个个板块。有时某个板块突然移动，我们就会感觉到地震。如果一块板块下面的岩石熔化，熔岩就会喷出地表，形成火山。

10 你知道板块碰撞如何形成火山吗？

地球内部的对流导致地壳移动，你知道这些对流的名称吗？

请看**移动的地表**。

12 大陆真的能会分裂成两半吗？如果真分开了会发生什么？

你知道世界上绵延最长的山脉在海底吗？

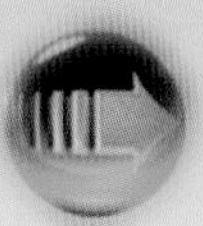

请看**不断扩张的海洋**。

14

地壳板块之间相互碰撞会发生什么？

哪两块大陆碰撞形成了世界上最大的山脉？

请看**大碰撞**。

16

当岩石层向不同的方向移动，就会形成断层。图中所示是哪种断层？

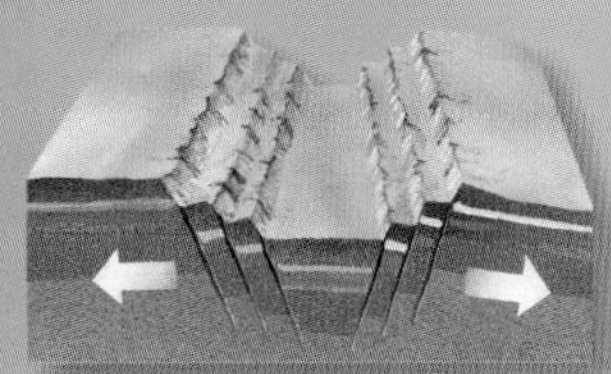

一些断层会形成很奇特的地貌。图中这种地貌是什么呢？

请看**断层**。

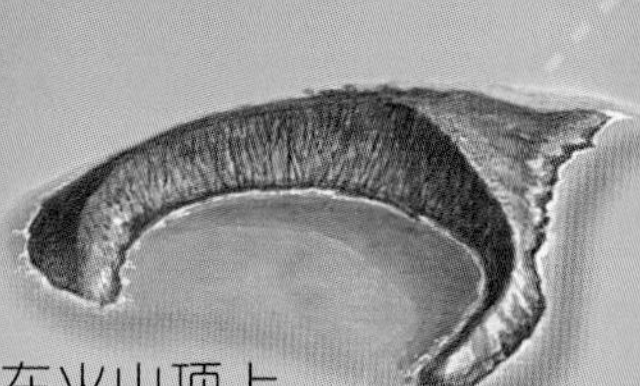

18

这个岛是在火山顶上的，你看出来了吗？

自己动手制作一个火山链。

请看**热点**。

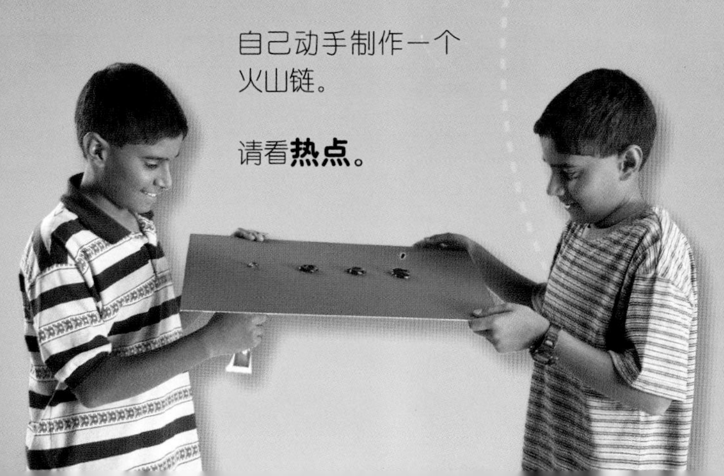

地球的分层

地球像一个煮熟的蛋，地壳就像蛋壳，地幔就像蛋白，而地核就像蛋黄。

炽热的地心

低头看看地面，你是否想过你脚下大地的下面究竟是什么样子呢？你知道我们生活在一个巨大的球形岩石上吗？因为地球内部炽热的温度和巨大的压力，即使最坚硬的钻头也会在地表以下13千米处被熔化，所以没有可能到达地球的中心，但是假设我们可以这样旅行一次，那么下面就是你将看到的景象。

首先，你会通过一个岩石层，这就是我们所说的地壳。陆地的地壳要比海洋的地壳厚一些，地壳最薄的地方只有5千米厚，步行一个小时就可以到达；最厚的地方有70千米厚，走路的话至少需要两天。在地壳下面是地幔，表层地幔是坚固的，贴近内部的地幔相对松软，地幔的厚度是地壳最厚处的40多倍。

穿过地幔到达了地核。地核的外层是由熔化的铁构成的，而其内部是固态的铁。地核距离我们所处的地表大约6,370千米，乘飞机的话要飞行8小时左右。地球内部温度是沸水的50倍，压力是地表大气压力的500万倍。

在地下

几个世纪以来，人们一直想知道地球内部是什么样的。17世纪，德国的宗教教授亚他那修·基歇尔爬进了一座火山里，试图进一步了解地球内部。他的研究指出，地表火山是由地球内部燃烧着的熔岩流连接起来的。

成长中的地球

初期

太阳系是由一团尘埃和气体构成的巨大的星云演变而来的。大约在46亿年前，这团星云开始急速旋转，将较热的气体拉向中心。较热的气体形成了太阳，外层的尘埃与岩石碎片相互碰撞结合为行星。地球约形成于46亿年前，是太阳系从内到外的第三颗行星。

逐步升温

随着陨石接连不断的撞击地球，陨石中的放射性物质衰变并产生热量，岩石随之熔化，重金属物质沉淀至地心，剩下较轻的矿物留在外层。在地球形成初期，一颗小行星撞击了地球，一些碎片飞溅进入宇宙，其中一些碎片高速旋转成为一个球体，形成了月球。

词汇解读

•**地幔**这个单词来自于拉丁语，意思是“斗篷”或“覆盖物”。地幔覆盖着地核。

•当一块岩石在太空中飞过，它就是**流星体**。如果它穿过地球的大气层，就是我们所说的**流星**；如果它落在了地表，就是一颗**陨石**。流星体、流星、陨石这三个名字都是来自希腊语单词meteoron，意思是“高高挂在天上的东西”。

知识魔方

•地球形成时释放的能量是如此之大，在冷却了40亿多年之后能量还能使火山喷发。

•火山喷发可以将地球内部深达600千米的岩石和矿物质带到地球表面，这些矿物质里就包括钻石。

•我们对于地球内部的了解还不如对一些遥远的星星了解得多。

探索路径

•地球的地壳相对来说是坚固的，但是也会破裂成碎片，不断地移动。请在10-11页上阅读更多相关知识。

•地壳的运动是地震的原因之一。请看30-31页，了解历史上大型地震。

•地球不是唯一的有火山和地震的星体。阅读60-61页，了解更多相关知识。

太空陨石

陨石是从太空坠落至地球的岩石，它们大部分来自于小行星带。小行星带是由岩石块组成的，运行的轨道位于火星和木星之间。许多小行星带里的行星是由铁元素构成的，非常像我们地球内部的岩石。科学家通过研究小行星来了解更多关于地球内部的情况。

炽热的地核

在世界上很多地方，岩石被高温熔化成红火炽热的岩浆流，穿透过地壳上升至地表，就是火山岩。科学家们通过对火山岩里的岩石和矿物质进行研究，来了解地球的内部。

背景故事

观察地震波

科学家们通过观察大型地震产生的地震波来研究地球内部。地震波的速度和方向可以让科学家们知道产生地震的地层是由什么种类的岩石构成的。20世纪30年代，科学家们只知道地球有地壳、地幔和地核。接着一位名叫英奇·莱曼的丹麦科学家开始研究地震。她的侄子尼尔斯·格罗夫回忆起姑妈曾经在卡片上记录地震波的速度，并将这些卡片保存在一个燕麦片的包装盒里。这些数据显示了其中一些地震波在穿过地核时改变了方向。利用这些数据，莱曼于1936年发表了一篇文章，提出地球的地核里面可能还有一个坚固的内心。

降温

陨石持续不断地撞击，在地球和月球表面留下巨大的痕迹和巨大的熔岩海洋。当熔岩冷却，在两者表面都会形成坚硬的外壳。在地球内部，形成了一个金属内核。直到大概30亿年前，月球才基本上全部变得坚固。

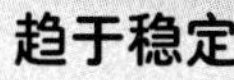

趋于稳定

逐渐地，地球内部的岩石和矿物质沉积分离成大致的三层——地核、地幔和地壳。火山喷发和陨石碰撞不断地给大气层增加了气体和水分。大洋开始形成，最后植物和动物也开始出现。

智利的比亚里卡火山

智利百内国家公园的一座侵蚀性火山

厄瓜多尔的科托帕希火山

移动的地表

在地球表面以下80－240千米处的地幔中岩石发生了很奇怪的事情。它们变软，有些地方开始熔化，熔化的岩石在地球内部形成口袋状结构。这些结构形成了一个相对脆弱的部分，叫做软流层。在软流层上面，地幔较硬的部分和地壳形成了一个坚硬的外壳，即岩石圈。这个外壳漂浮在湿软的软流层上并缓慢地四处移动。

软流层是松软的，相对较热的部分上升冷却。当冷却充分后，就会下沉，这个上升与下沉的过程形成了一个循环，就是对流。这些涌流不断地推拉挤压岩石圈，将地球的外层地壳挤碎，形成了板块。

当岩浆流上升，就推动板块破裂。板块移动时，板块上面的大陆也随之移动。经过数百万年，移动的板块分裂，大陆碰撞分离，大洋分分合合。这个过程很缓慢，但可以肯定的是它改变了我们星球的表面形态。

升升降降

太平洋里的东太平洋海岭是一个扩张增生型边界。在这里，上升的岩浆推动太平洋板块和纳斯卡板块向外分开。板块以不同的速度移动产生断裂，形成转换断层。纳斯卡板块与南美洲板块相撞，形成俯冲汇聚型边界。在这里，较薄的大洋板块俯冲到大陆板块下面，并在地幔中熔化。

推拉作用

岩石圈破裂形成板块，这些板块根据形成方式的不同分别有不同的三种边界。当板块相互分离时形成扩张增生型边界，当板块相互碰撞时形成俯冲汇聚型边界，当板块之间相撞擦过彼此时形成转换断层。

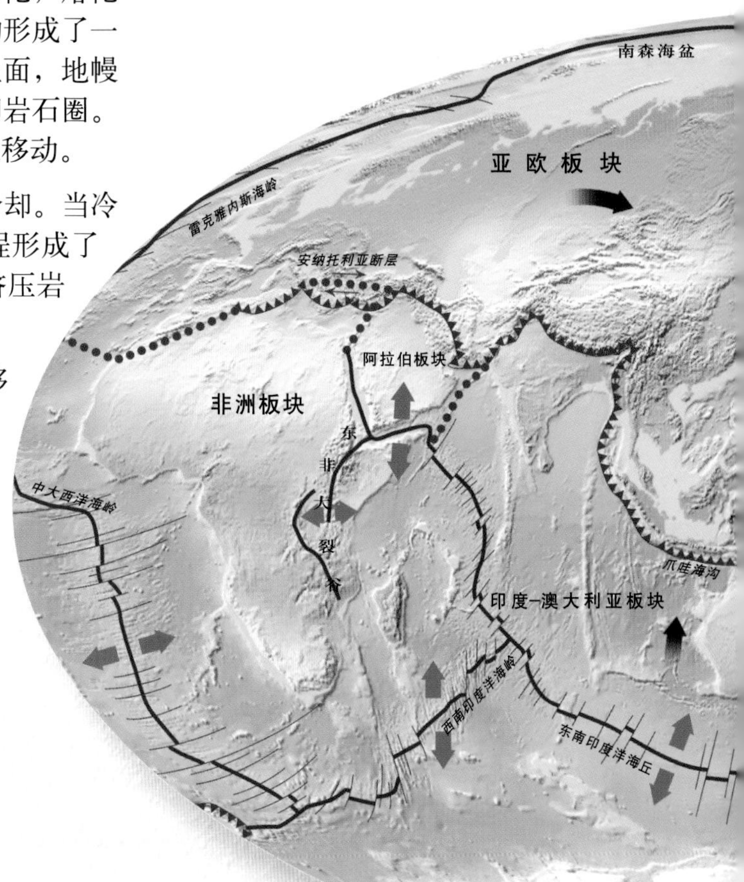

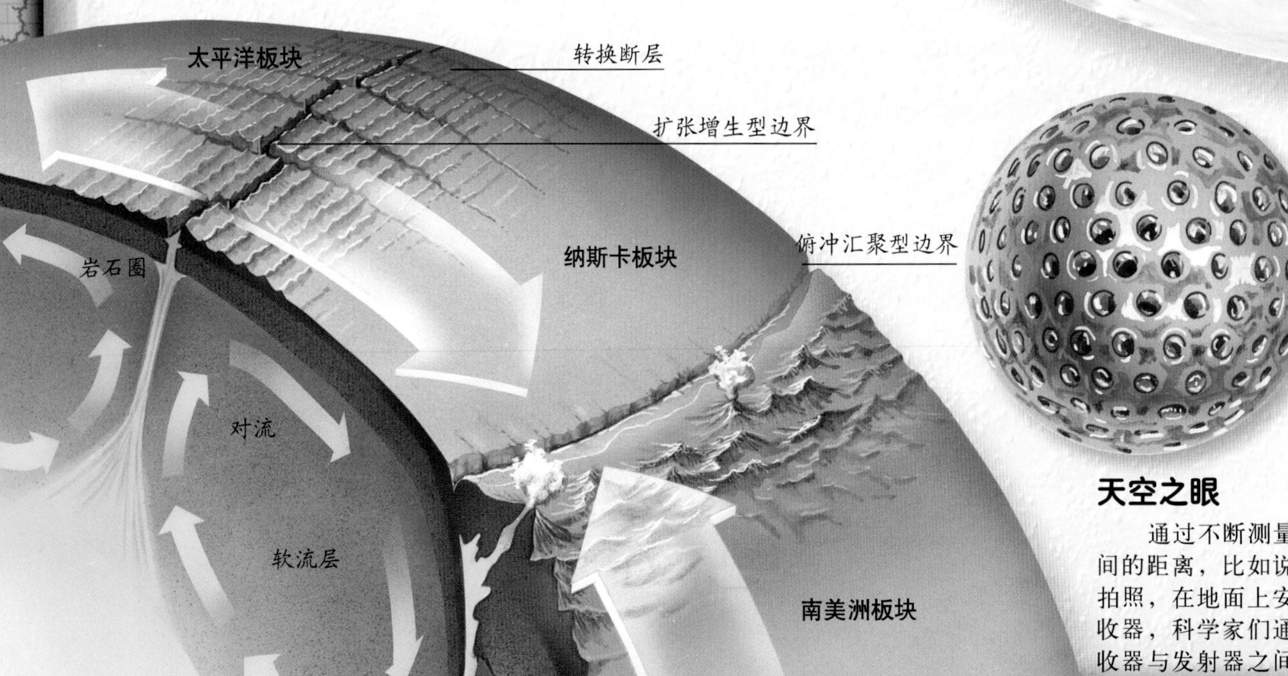

天空之眼

通过不断测量与卫星之间的距离，比如说在卫星上拍照，在地面上安装一个接收器，科学家们通过测量接收器与发射器之间的距离就可以观测到板块的移动。

词汇解读

•**岩石圈**在希腊语中的意思是"石头"和"球形"。**软流层**这个名字也来自于希腊语，意思是"虚弱的"。

•在古希腊语中，房子和一些其他的建筑被叫做**建筑构造**，在地质学中，构造地质学是指构成地球表面的结构。

知识魔方

•南美洲南部和非洲南部相距9,660千米，但它们曾经在一个地方，随着板块运动，它们缓缓地分开。

•太平洋板块和纳斯卡板块以每年18厘米的速度逐渐分离。

探索路径

•板块分裂可以产生新的大洋。请阅读12-13页，看新的大洋是怎么产生的。

•板块相互靠拢、发生碰撞有许多种不同的形式。请阅读14-15页。

•科学家们用卫星测量仪器来预报地震。请阅读26-27页。

一块块拼图

1910年，德国科学家阿尔弗雷德·魏格纳（上图）注意到各个大陆看起来像拼图，他提出目前的大陆在很久以前是连在一起的一个巨大陆块，他把这个陆块称为"联合古陆"。目前的研究已经证明他的理论是正确的，在这些地图中，显示了各大陆最初的位置。

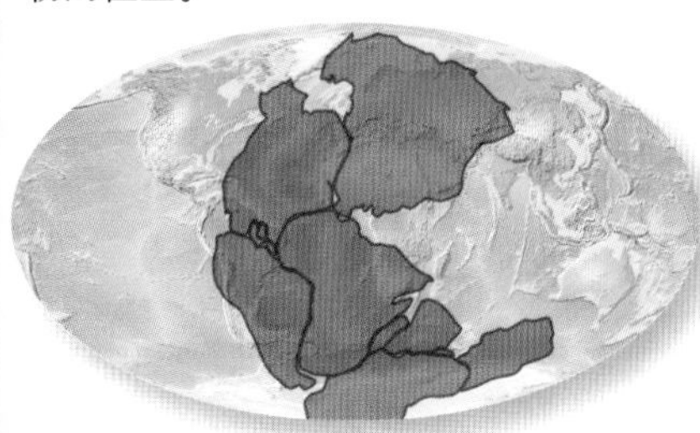

大约在2亿年前，地球的各个大陆是一个整体。不久，海底扩张将这个大陆分裂为各个相对小的大陆。

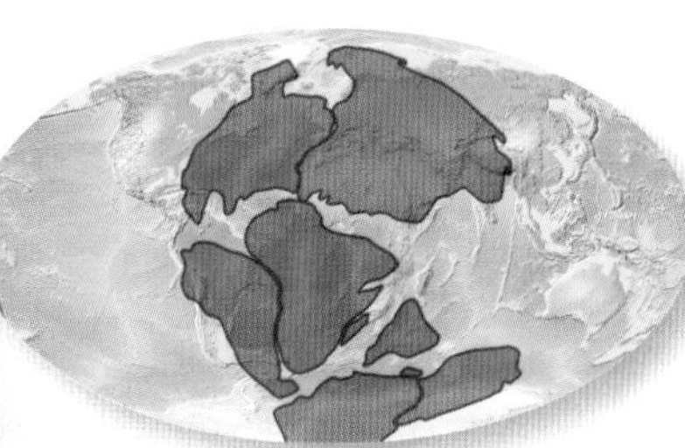

1.2亿年前，现在的北美洲从印度大陆分离出来，滑进太平洋。不断扩张的印度洋将印度大陆向北推动。

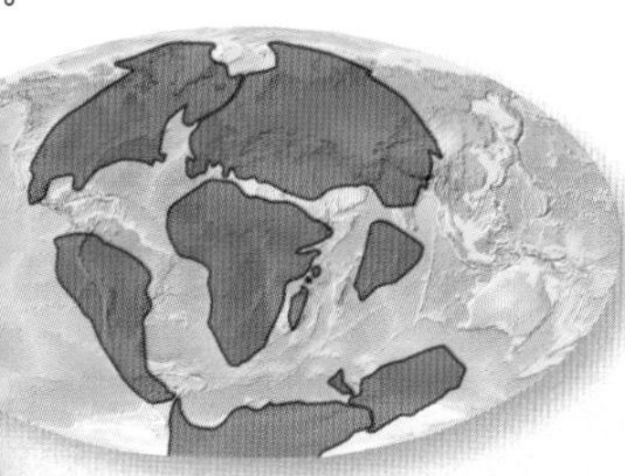

6,500万年前，大西洋就是一个很广阔的大洋了，当时印度洋板块正在经历与欧亚板块撞击的过程。

自己动手

对流

你可以自己亲眼看看对流是怎样形成的。

1. 拿一只大的玻璃容器，装满凉水。再拿一只小一点的容器，灌满热水，加入几滴红色的食物色素。

2. 用手盖住小的容器，将它放在大容器的底部。然后把你的手移开，看看会发生什么。

小容器里红色的水迅速上升到冷水的顶部，然后四散开来。这是因为红色的热水比清水温度高，当红色的水冷却下来后下沉，这就形成了对流。类似的事情也会在地幔中发生，热岩上升至岩石圈，冷却下沉，随着岩石的移动，影响了地球板块的构造。

大西洋中脊

南美洲

非洲

南大西洋海底横截面图

不断扩张的海洋

在海底深处，众多海岭顺着海底蜿蜒，形成了地球上最长的山脉。如果我们从太空俯视这些海岭，它们看起来就像一个大型棒球上的接缝。在海岭上可以看见地壳上巨大的裂缝。地幔上对流的海水推动岩浆，岩浆上升并从这些裂缝中流出。一些岩浆从海底裂开的缝隙中溢出，另外一些在缝隙里冷却变硬。随着缝隙里的岩浆冷却变硬，体积膨胀，海底就被向外顶起。慢慢地，裂缝两边的板块扩张，就像两个向相反方向移动的传送带。

新的大洋地壳在两层地壳之间形成。从地下涌上海底的岩浆在海水中迅速冷却形成堆积，即枕状熔岩。在裂缝里凝固的岩浆形成垂直的片状条纹，叫做岩脉。在岩脉下面，地幔中形成了许多大块的纹理粗糙的岩石。

海岭上漆黑一片，但科学家们使用不同的方法来揭示这黑暗世界里的秘密。飞船和卫星接受从海底反射回来的激光束——雷达信号，雷达根据声纳波来判断海底的形状。挖泥船和电钻从海底的岩石上取样。勇敢的探险家利用潜水器潜入水下，亲眼见证并拍摄了海底扩张的动向。

探索大洋脊

探险家在大洋脊里发现了一个奇异的世界。这里有火山喷发，但是海水的压力使海洋表面感觉不到这些爆发。海底林立着烟囱，我们把它们叫做海底黑烟囱。这些烟囱里涌出富含矿物质的海水，吸引着包括鱼类和海虫等奇异的生物。

背景故事

海底扩张

美国地质学家哈利·赫斯是第一个解释海底扩张的科学家。二战期间，他在一艘潜艇上服役，使他有机会研究了海底的山脉。20世纪60年代，其他科学家发现海底很薄。赫斯意识到熔化的岩石肯定不断地从薄薄的海底渗出，在上面形成新的地壳层和山峰。他还指出海底是向外扩张的，它与陆地板块相撞，反弹嵌入地幔。虽然当时赫斯没有办法证明自己的理论，但是现在科学家们已经证明了赫斯的观点是正确的。

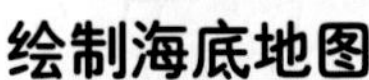

绘制海底地图

科学家们用卫星探测到的信息，结合雷达与声纳仪器勘测出的结果，绘出了海底的地图。在地图上，灰蓝色高亮的位置就是海岭。

分开陆地形成海洋

地幔的上升对流作用和地壳的伸展，使岩石圈变薄、破裂而形成裂谷，许多海洋都是由裂谷形成的。当一个裂谷变宽，附近海洋里的水就会涌进来，形成一个新的海洋并会一直扩张。

地表破裂

当对流的力量将地表撕裂，就形成了断层。陆地倾斜坠落，形成一个宽的峡谷，熔岩可能会从谷底渗出。

洪水

炽热的软流层向外膨胀至断层区，当陆地进一步坠落时，裂谷变宽，水大量地涌进来形成了海洋底部。海底的形成推动陆地进一步分开。

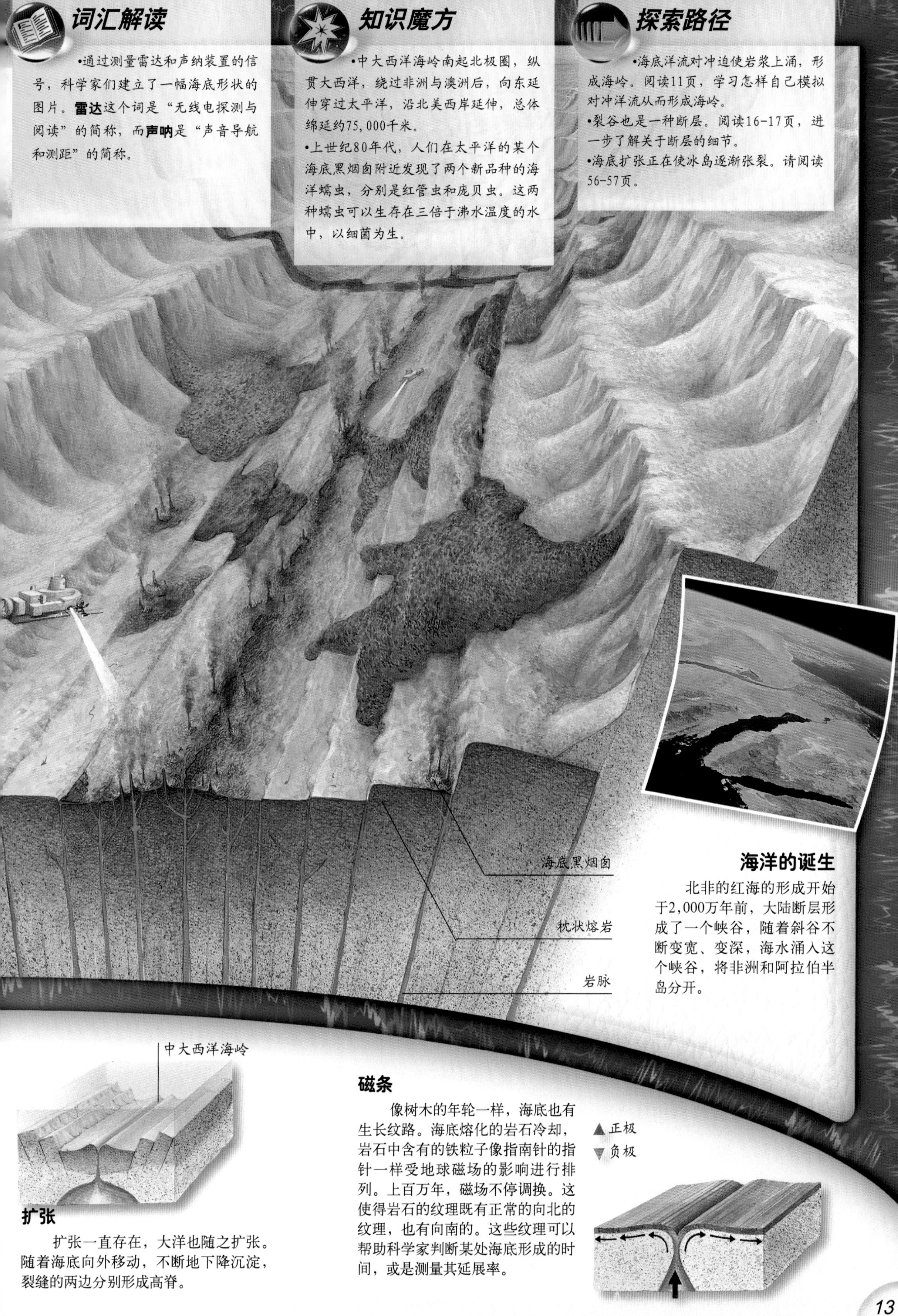

词汇解读

•通过测量雷达和声纳装置的信号，科学家们建立了一幅海底形状的图片。**雷达**这个词是“无线电探测与阅读”的简称，而**声呐**是“声音导航和测距”的简称。

知识魔方

•中大西洋海岭南起北极圈，纵贯大西洋，绕过非洲与澳洲后，向东延伸穿过太平洋，沿北美西岸延伸，总体绵延约75,000千米。

•上世纪80年代，人们在太平洋的某个海底黑烟囱附近发现了两个新品种的海洋蠕虫，分别是红管虫和庞贝虫。这两种蠕虫可以生存在三倍于沸水温度的水中，以细菌为生。

探索路径

•海底洋流对冲迫使岩浆上涌，形成海岭。阅读11页，学习怎样自己模拟对冲洋流从而形成海岭。

•裂谷也是一种断层。阅读16-17页，进一步了解关于断层的细节。

•海底扩张正在使冰岛逐渐张裂。请阅读56-57页。

海洋的诞生

北非的红海的形成开始于2,000万年前，大陆断层形成了一个峡谷，随着斜谷不断变宽、变深，海水涌入这个峡谷，将非洲和阿拉伯半岛分开。

扩张

扩张一直存在，大洋也随之扩张。随着海底向外移动，不断地下降沉淀，裂缝的两边分别形成高脊。

磁条

像树木的年轮一样，海底也有生长纹路。海底熔化的岩石冷却，岩石中含有的铁粒子像指南针的指针一样受地球磁场的影响进行排列。上百万年，磁场不停调换。这使得岩石的纹理既有正常的向北的纹理，也有向南的。这些纹理可以帮助科学家判断某处海底形成的时间，或是测量其延展率。

奥古斯丁山，位于美国的阿拉斯加州，是一座俯冲火山

马荣火山，位于菲律宾，是一座岛弧火山

大碰撞

当两个板块靠近时就会以巨大的力量相撞，这种碰撞的结果与相撞板块的类型、厚度紧密相关。当两个大陆板块直接相撞，就会导致陆地变形，形成巨大的山脉。如果板块只是以小角度相撞，会相互摩擦，形成断层线。但是在大多数碰撞中，两个板块的碰撞就像是掰手腕的决斗，厚的板块就像是力气大的人，会战胜薄的板块，这就是潜没。

潜没只会在相对薄的海洋板块与厚一些的海洋板块或陆地板块碰撞时才会发生。在潜没过程中，厚的板块在撞击区域破碎变形。同时，相对薄的板块下沉，就会引发地震。随着较薄的板块下沉，地幔升温并开始熔化。温度和压力使岩石熔化形成的岩浆喷发至地表，形成火山。在陆地上，这种情况通常会形成一串火山群。当两个大洋板块相互碰撞时，就会形成一串火山岛，即岛弧。

升高

世界上最高的山脉是亚洲的喜马拉雅山脉。它形成于6,000万年前印度板块和亚欧板块的碰撞。两个板块的碰撞使板块附近的大陆上升了70千米。

各种不同形式的碰撞

这个横切面展示了板块碰撞的三种主要形式。左边的是海洋板块撞进陆地板块，形成潜没火山，中间的是两块陆地板块相撞形成山脉，右边的是两块海洋板块相撞，形成了一个火山岛弧。

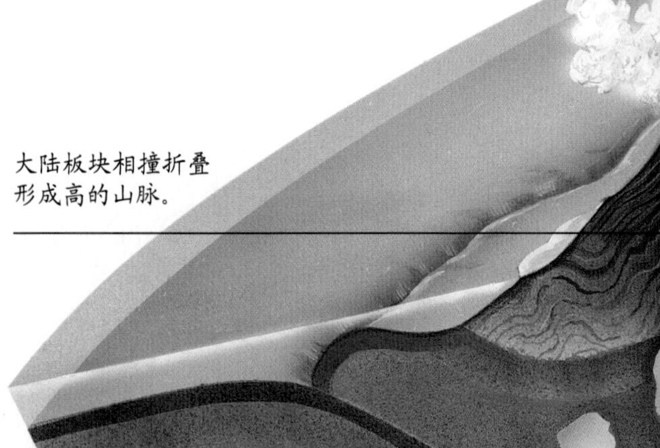

大陆什么时候会相撞呢？

当原始大陆开始分裂，印度属于一大块南部大陆，叫冈瓦纳古陆。大约1.45亿年前，印度板块从该古陆分离出来，开始向北移动。

大约6,000万年前，印度板块和亚欧板块慢慢靠近。印度板块的海底部分潜没进欧亚板块的底下，推动地壳上升形成一排火山。

词汇解读

•**喜马拉雅山脉**这个名字来自于梵语**hima**，是雪的意思；而**laya**，是“家”的意思。对于当地人来说，喜马拉雅山脉终年白雪皑皑，像是雪的故乡。

知识魔方

•世界上最深的海沟是太平洋里的马里亚纳海沟，深度11,034米。这意味着将世界上最高的山峰放进去都会被吞没。

•阿曼山脉的一部分在阿拉伯半岛，起初这里就是海底。1亿年前，由于一次板块运动而挤压上升成为山脉。

探索路径

•海洋板块向外扩张发生碰撞。请看12-13页，了解更多关于海洋扩张的知识。

•板块碰撞产生冲击波，转而形成地震。这就是为什么大多数地震都发生在板块交界处，请看30-31页。

•地壳俯冲相撞迫使岩浆活跃上涌，穿过地壳，形成火山喷发。请看38-39页，了解火山喷发的不同形式。

自己动手

自己折叠一次地壳

你可以通过自己动手制作模型来观察地壳是如何褶皱变形的。

1. 取几块不同颜色的橡皮泥，将橡皮泥搓成细条状，叠在一起，想象这就是地壳的一部分。

2. 将叠好的橡皮泥平放在一个光滑的平面上，用你的手或两个木块慢慢将黏土的两端向内、向中间推，看看会发生什么。

黏土发生褶皱，中间部分向上拱起。这类似于两个大陆碰撞时发生的情形。地壳变形，产生褶皱，慢慢地向上拱起形成山脉。岩浆爆发，穿过地壳，形成弧状火山岛。

岛弧火山

巴布亚新几内亚的拉布尔镇附近的塔沃沃尔火山，是一座岛弧火山，它位于太平洋板块和印-澳板块之间。1994年，塔沃沃尔火山和附近的瓦尔肯火山同时猛烈地喷发。

通过地壳，岩浆爆发形成的火山岛弧

一块较薄的大洋板块俯冲挤压到另一个较厚的大洋板块下面

俯冲区

当两块大陆互相靠近挤压，他们之间的海床就会被向上推起，形成山峰。喜马拉雅山脉最高峰比海平面高了数千米，但仍然可以在山顶发现海贝壳的化石。

随着褶皱的继续，一些地方的地壳向外扩张，像是船头的涡流，将山脉推向两侧。喜马拉雅山脉还在生长，在过去的300万年里，升高了3千米。

逆向断层

正向断层

断层

板块运动的巨大压力和张力能压碎最坚固的岩石。地壳岩层受力而断裂错位，形成的结构叫做断层。在岩壁、河床和路堑等地随处可以发现小规模的断层，有些大的断层会绵延上百千米。

无论规模大小，断层类型取决于岩石的位移方向。当岩石断裂错位，位于断层面以上的部分相对下降的叫做正向断层；位于断面之下的部分相对上升，两个断面上下叠加，形成逆向断层；有时候岩石以不同的方向或不同的速度相互滑动，这种情况下产生的断层叫横向断层或转换断层。这三种断层形式有可能同时发生在一个主要的大断层线上。

大型断层会形成独特的地貌，正向断层会形成长长的峭壁，两个正断层中间可能会形成一大块下沉的平地，就是地堑。逆向断层会形成堆叠的有缺口的高山，低角度的逆向断层又叫冲断层，一般会形成低而宽的丘陵或山峰。侧向断层可能会将多种不同的岩石带到断层两侧，在地表上形成一道明显的线。断层处的地壳板块如果移动的话可能会引发地震，板块向不同的方向相互挤压，积聚了潜在的能量，如果板块突然移动时，这些积聚起来的能量就会突然释放，从而晃动大地，释放冲击波。

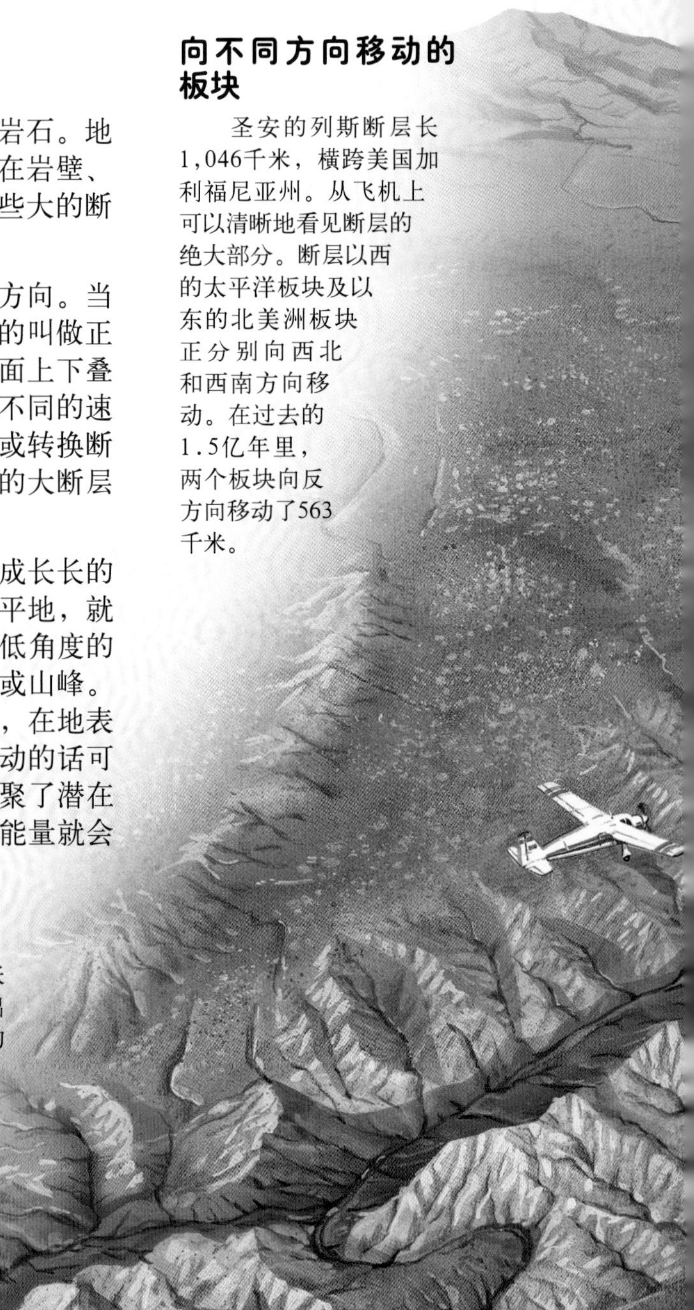

做一个识别断层的测试

在分层的岩石里可以清晰地看见一些小的断层。在这张照片中，你能辨认出哪边下沉，下沉了多少吗？你能分辨出这是哪种断层吗？如果你能根据左边下沉了大概一只手臂的长度而猜出这是一个正断层的话，那么你就掌握识别断层的诀窍了！

向不同方向移动的板块

圣安的列斯断层长1,046千米，横跨美国加利福尼亚州。从飞机上可以清晰地看见断层的绝大部分。断层以西的太平洋板块及以东的北美洲板块正分别向西北和西南方向移动。在过去的1.5亿年里，两个板块向反方向移动了563千米。

大规模故障

逆向断层

侧断层

巨大的侧向断层

巨大的侧向断层可以使地表产生巨大的沟，在沟的两边分别有不同种类的岩石。有时候对折交叠的断层会形成低矮的山，美国的圣安的列斯断层和智利的阿塔卡马断层都属于侧向断层。

逆向断层

大规模的逆向断层可以形成山脉，两块板块相互水平挤压，部分地壳破裂倾斜。挤压的时候上面的断层向上移动，从而产生山脉。这样形成的山脉一边是陡峭的深崖，另一边是稍浅的斜坡。

词汇解读

•当两个裂谷中间的地面下沉，中间的谷底叫做**地堑**。地堑这个词来源于德语“沟渠”，两个地堑中间的高地叫做**地垒**。地垒也来源于德语“高处的建筑”——就像是猛禽在山顶或悬崖上建的巢。

知识魔方

•在新西兰的阿尔卑斯断层上，同时有澳大利亚板块10亿年前的岩石和太平洋板块3亿年前的岩石。这些岩石曾经相隔数百千米远，但是随着断层的移动，这些岩石被慢慢地带到了一处。

•3,000万年后，东非大裂谷的东部可能会与非洲分离，形成一个新的岛屿和海洋。

探索路径

•世界上许多地方都有断层。请阅读10-11页，找到离你最近的一个断层。

•圣安的列斯断层处的板块移动已经导致美国加利福尼亚州发生了多次地震。请阅读32-33页，做进一步了解。

•你亲身感受过地震吗？请阅读22-23页，试着想象一下地震的感觉。

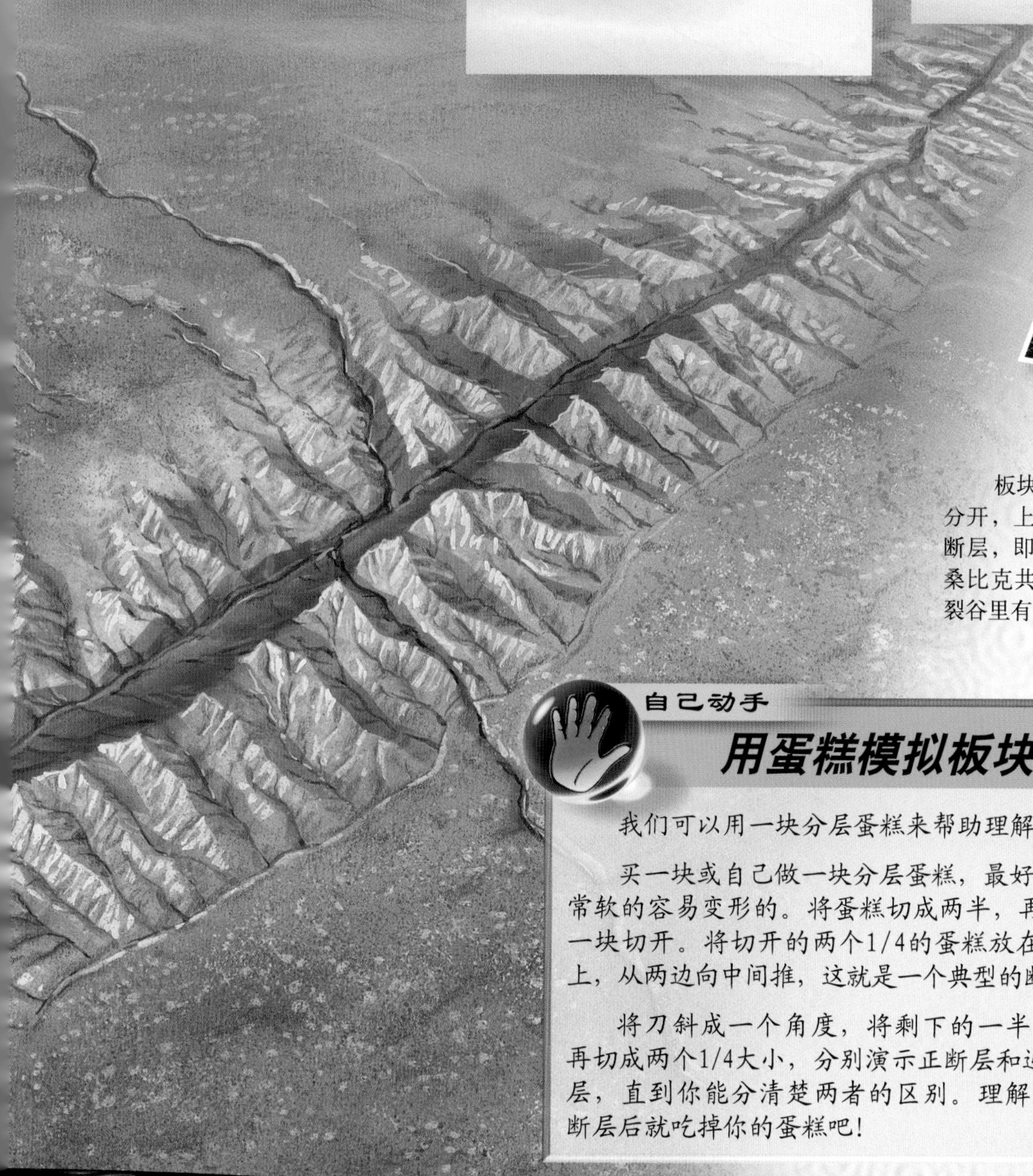

东非大裂谷

板块运动将非洲东部慢慢撕裂、分开，上升的洋流创造了一个巨大的断层，即东非大裂谷。它从红海至莫桑比克共延伸了4,025千米。东非大裂谷里有数座火山及温泉。

自己动手

用蛋糕模拟板块运动

我们可以用一块分层蛋糕来帮助理解板块运动。

买一块或自己做一块分层蛋糕，最好不是那种非常软的容易变形的。将蛋糕切成两半，再将其中的一块切开。将切开的两个1/4的蛋糕放在一个平面上，从两边向中间推，这就是一个典型的断层。

将刀斜成一个角度，将剩下的一半蛋糕再切成两个1/4大小，分别演示正断层和逆断层，直到你能分清楚两者的区别。理解了断层后就吃掉你的蛋糕吧！

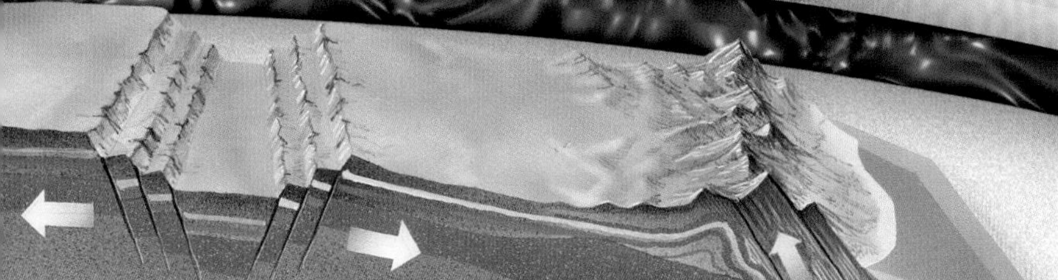

地堑

当地壳板块移动时会导致陆地地表断裂，形成平行的断层。两条断层中间的岩块相对下降，形成一个宽谷，即裂谷。裂谷两边的陡壁叫做断层崖，下沉的区域就是地堑。

逆冲断层

当板块运动时，有时一层岩石会以很小的角度移动到另一层岩石上，这种情况下形成的断层叫做逆冲断层。在这里，板块俯冲运动将部分海底推挤到大陆上，美国的阿巴拉契亚山脉就是这样形成的。

热点

热点是指来自上层地幔中相对固定的火山的岩浆源，在地球的历史上，很多地方都形成过热点区域。地幔中一大团温度较高的岩石缓缓上升，当顶部升至浅处时会部分熔融，这就叫做地幔热柱。熔融的物质熔化成为岩浆，向上透过岩石圈，喷发至地表，形成火山。

因为板块是一直移动的，所以热点喷发经常会形成火山链。第一个火山形成后，会离开热点向别处移动，在原来的地方就会形成另一座火山。这个过程可能会持续几千万年，甚至是上亿年，形成一列列连着的火山，像篱笆上的柱子一样。最终，板块运动会将这个热点和一系列的火山带到一个俯冲带，在这里，它们会被带回地幔里熔化消失。有时一个海岭下面的热点会在地堑中形成一串密集的火山，这就是位于北大西洋的冰岛形成的原因。

任何地方都能够形成热点。它们可以形成海底山脉、海洋上的岛屿或者陆上的火山。形成的火山链可以穿过海洋或大陆。除了冰岛以外，太平洋上的夏威夷群岛、加拉帕戈斯群岛，印度洋上的留尼汪岛、美国的黄石公园也是因为热点的作用而形成的。

热点的残留物

澳大利亚昆士兰州的玻璃屋山国家公园宏伟壮观，是澳洲古陆热点链上的一处遗留。2,500万年的喷发将火山下的岩浆消耗殆尽，只剩下火山口里坚硬的火山岩。

词汇解读

•**热点**通常塑造低矮宽阔的火山，这种火山被称为**盾状火山**，鸟瞰这样的火山，它们非常像从前战士们在作战时用的盾牌。

•**环状珊瑚岛**是一列珊瑚岛围成的一个环礁湖，印度洋马尔代夫群岛是典型的这种岛。

知识魔方

•夏威夷的莫纳罗亚火山是活火山，从海底到峰顶的高度比陆地上的最高峰喜马拉雅山要高出约九千米。

•南印度洋的马里恩岛下有一处热点，迄今为止已经喷发了1.85亿年了。

探索路径

•科学家们现在认为，在地心外部的热粒子可能是热点的来源。请阅读8-9页，了解一下地心。

•大规模的热点熔岩流，叫泛布玄武岩，它覆盖着地球上大面积的地表。请阅读48-49页，找出更多相关知识。

热点圈

这个示意图说明了活火山的形成、生命的过程和终结。最前面是活火山在热点上方喷发，接着是时间较长的火山已经被侵蚀殆尽。边缘被珊瑚环绕的岛叫做环状珊瑚岛，在水下的叫做海山，古老的海山随着地壳运动慢慢潜没地堑，回到地球炽热的内部。

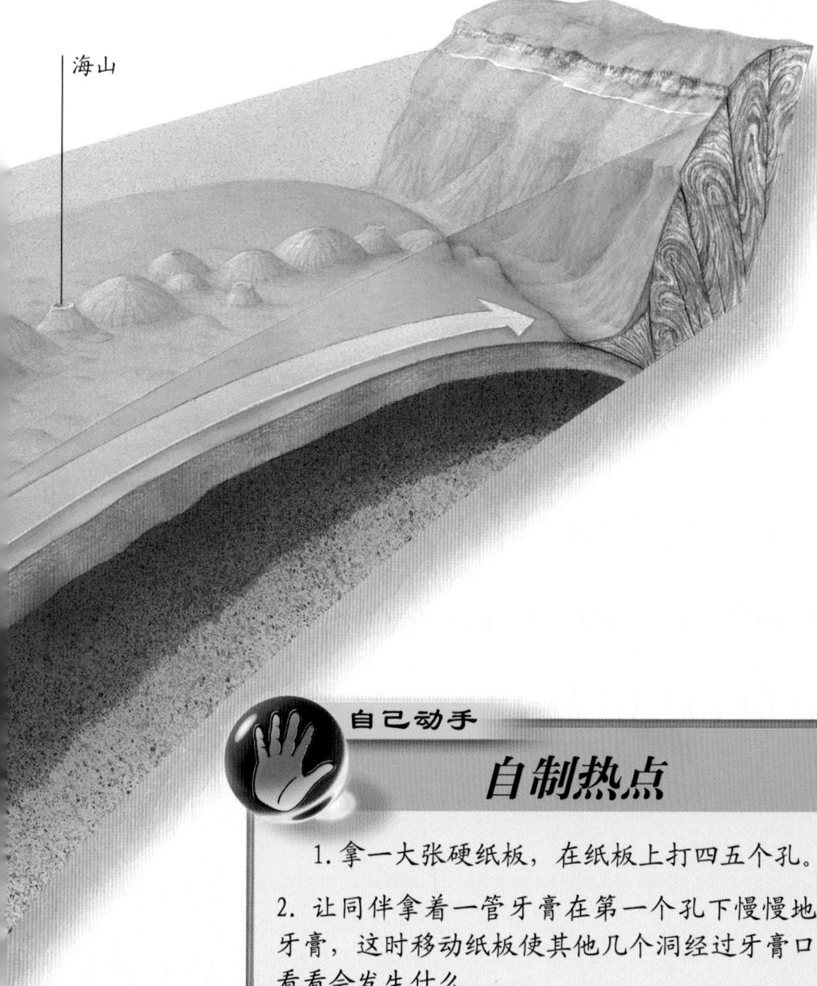

海山

链上的连环

当岩浆第一次爆发透过一个板块，大量的熔岩流涌出，在数百万年里，流出的熔岩可能比大峡谷还深，比格陵兰岛还宽阔。但随后喷发就会减弱，形成小一些的火山。

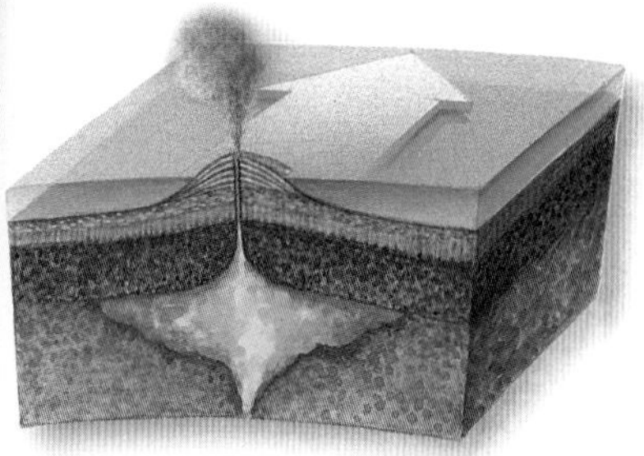

首先，热点上先形成一座单独的火山，岩浆上升，使火山变大。然而，随着板块的移动，火山慢慢离开原来的位置。

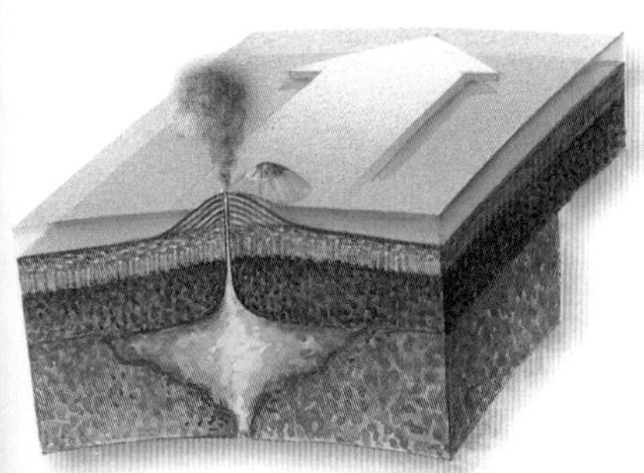

经过数百万年，火山脱离热点，得不到岩浆供给，变成死火山。而在热点部位又形成了一座新的火山。

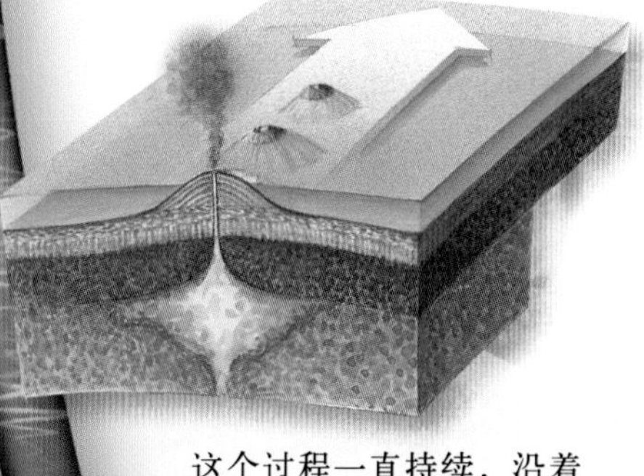

这个过程一直持续，沿着板块移动的方向会形成一个火山链。但是如果热点部位不再活跃，火山链就会停止生长了。

自己动手

自制热点

1. 拿一大张硬纸板，在纸板上打四五个孔。

2. 让同伴拿着一管牙膏在第一个孔下慢慢地挤牙膏，这时移动纸板使其他几个洞经过牙膏口。看看会发生什么。

随着纸板上的孔经过牙膏口，纸板上留下一团团牙膏。这些就是热点火山。牙膏透过纸板的情形就是岩浆穿透板块形成活火山的过程。

地震

板块不停的运动， 由此产生的力量使有些岩石破裂,另一些岩石挤到一起。岩石之间相互的作用力也会突然爆发,使其本身碎裂并移动。这些突发性移动会产生振动,通过地表传播，我们将这些振动称为地震。地震时大地先上下起伏，紧接着左右摇晃，造成严重的损失，夺走很多生命。正因为如此，地震学家才努力研究地震的成因。通过研究，地震学家们已经对地壳和地球内部有了一定的了解。但是到目前为止，地震学家们还是无法预报什么时候会发生地震。

22 地震是从哪里开始的？

你知道地震波是怎么形成的吗？

请看**摇晃的大地**。

24 海底的地震会产生巨大的波浪，这些波浪叫什么？

在大地震中，狗能帮什么忙？

请看**地震之后**。

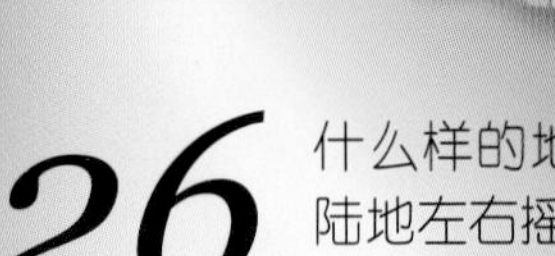

26 什么样的地震波能让陆地左右摇晃。

科学家们用一种名叫地震仪的设备来监测地震。你知道怎么自制一个地震仪吗？

请看**地震监测**。

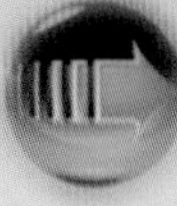

28

什么样的建筑物防震效果最好？

如果你生活在地震带，你就要知道如何保护自己。你应该为可能出现的紧急情况做哪些准备呢？

请看**为地震做准备**。

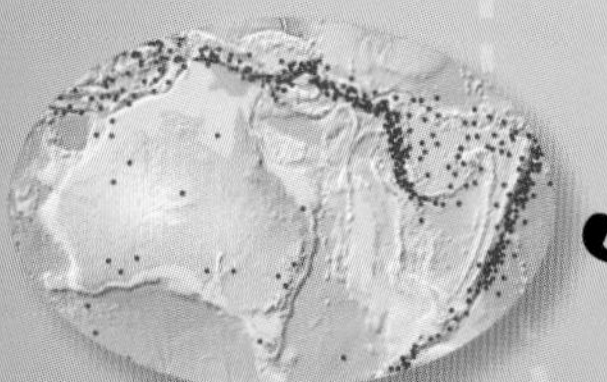

30

绝大部分的地震都发生在板块的交界处。你的附近有地震带吗？

我们用里氏震级来测算地震的强度。里氏震级是怎么回事呢？

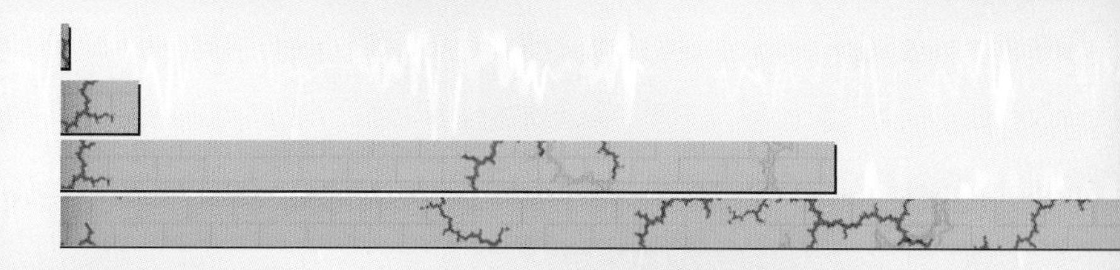

请看**大型地震**。

32

为什么美国的西海岸经常发生地震？

这条洛杉矶附近的高速公路发生了什么？

请看**加利福尼亚**。

34

日本的最高峰是一座火山。你知道它叫什么名字吗？

日本有许多火山。也是地震与火山喷发的常发区。这是为什么呢？

请看**日本**。

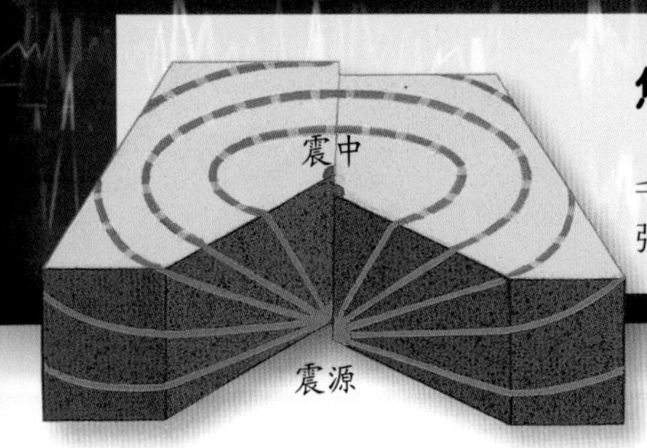

焦点

地震的震源可能在地下数十千米深，从震源产生的地震波的强度到达地表时会减弱。

摇晃的大地

想象一下你正在家里，坐在沙发上看电视，突然，你觉得沙发晃了一下，窗户晃动得嘎嘎作响，吊灯在摇摆，架子上的东西往下掉，你会感觉到像是坐在一条大海里的小船上。幸运的是，震动只持续了几分钟，然后一切又重新恢复平静。

你刚刚经历了一场地震。像这样的震动每天在世界的各个地方会发生成百上千次，很多人都能感觉到震动。但是在身处于一场大地震中的人们就不会那么幸运了。地震发生时是很恐怖的：在建筑物里，天花板纷纷塌落，家具碰撞在一起，玻璃被震得粉碎；在户外，大地颠簸，树和电线杆折断，地下管道破裂。

一场地震的严重程度取决于它的震级大小、震源深度和离震中距离的远近。震源是指地震开始的地方，通常情况下是断层上石头突然崩裂产生的。震源在地面上的垂直投影称为“震中”。地震波从震中向外传播，随着距离的增加而威力减弱。所以，距离震中越远越安全。地震的影响程度与震区的地表状况有关，坚硬的基岩抗震效果会很好，但是松软的土地就会有猛烈的震动，有时甚至会变成液态的泥浆，这个过程叫做液化。

脱轨

铁路轨道的破坏变形通常可以显示出地震波的移动方向。1995年日本阪神大地震中，铁路在震后发生变形。

麦氏震级

1883年，意大利科学家朱塞佩·麦加利根据地震对建筑物和人的伤害程度，将地震分为12级。

1—3级

1级，最轻微的等级，人无震感。2级，住在楼上的人在静静地睡觉时会感觉到晃动。3级时，悬挂物轻微摆动。

4—5级

4级，悬挂物摆动，不稳器皿作响，停泊的车会摇晃。5级时，人能感觉到摇晃，墙上的画或照片摇摆，门窗作响。

词汇解读

•地下岩层断裂和错动的发源地方，叫做**震源**，震源在地面上的垂直投影称为震中。

•**地震**的英语单词来自于拉丁语tremoris，意思是"地面发抖震动"。

•**地震裂度**是指地震发生后对地面的影响和破坏程度。

知识魔方

•最大的地震发生在陨星撞击地球时。6,500万年前，一个陨星撞击到尤卡坦半岛，这可能是恐龙灭绝的原因。这次撞击产生冲击波，直接贯穿了地球。

探索路径

•麻烦并没有因为主震的停止而结束，请看24-25页，看看什么是余震。

•没有人准确地知道什么时候会发生地震，但是通过对地壳运动的研究，科学家们会在可能发生地震之前发出警报。请看26-27页。

•全球很多地方都发生过大型地震。请阅读30-31页，看看什么时候在哪些地方发生过大型地震。

地震来了！

在人口密集的城市发生大地震时，造成的破坏力最强。建筑物、高架桥和高速公路纷纷发生坍塌，造成人员伤亡。破裂的煤气管道和切断的电缆会导致大范围的火灾。在城市外，地震还会引发山崩。

自己动手

震动小实验

用一张小桌子，一个锤子和沙子等道具来模拟地震波。

1. 在桌子一边撒一把沙子，在离沙子10厘米左右的地方敲击桌子，观察震动引起沙子的跳动。

2. 然后在离沙子20厘米左右处敲打桌子，沙子也会跳起来，但是跳得没有那么高了。

同样的道理，地震时离震中越远，地表受震波的影响越小。

6–7级

6级，人站立不稳，走路困难，玻璃碎裂，照片掉落，墙壁表面出现裂纹。7级，人站立不稳，烟囱损坏。

8–9级

8级，汽车无法控制，烟囱倒塌。

9级，房屋大多数破坏，地面裂开，管道破裂。

10–12级

10级，房屋倾倒，发生山崩，铁轨弯曲，管道损坏。

11或12级，建筑物普遍毁坏。

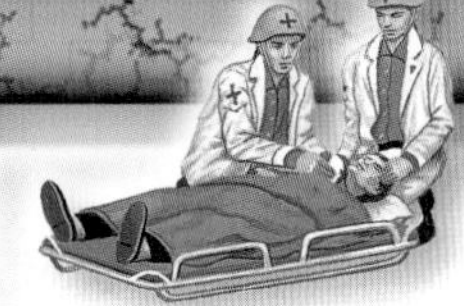
医护人员

搜救犬

红外线摄像机

地震之后

大地震后通常是一片混乱，尤其是发生在城市里的地震。紧急警报拉响，建筑物倒塌，被困人员和受伤人员呼喊求助。救援队火速援助伤者，起重机清理残骸，搜救犬搜索被困人员的具体位置。

救援队和幸存者都要应对接下来的余震。余震是大地震后额外的震动，是由地壳首次颠簸后没完全释放出的能量再次小规模释放引起的。通常情况下余震比主震强度小，但也有特殊情况，有时余震比主震更强烈，可能还会持续很长的一段时间。比如，1811年，美国密苏里州的新马德里发生地震，在主震后发生了余震，这次余震断断续续地持续了一年多。其中很多次余震和第一次的主震一样强烈，许多人不得不彻底搬出该地区。

在多山地区，地震往往会导致山崩和雪崩，从而对建筑物造成进一步的破坏，可能还会导致交通中断。如果地震发生在近海岸地区，就有可能引发海啸，地震波以喷气式飞机的速度震动海水，引发海浪，当海浪从海上袭近至海岸边浅水区时就变成了巨浪。

失去控制

大地震过后，破裂的燃气管道极易起火。图为1994年，美国加利福尼亚州的洛杉矶市发生地震时，消防队员奋力控制大火。这样的大火如果不被迅速地控制住，会导致灾难性的后果。

恐怖的海浪

图为巨大而恐怖的海啸。海浪汹涌地袭上陆地，沿岸的建筑物被海浪摧毁倒塌，船被大浪掷上岸边。通常，海啸的破坏力比引起它的地震还要大。

背景故事

地貌的改变

1811年，美国密苏里州的新马德里地震后，持续不断的余震彻底地改变了当地的地貌。土地裂开，出现狭长的裂谷，空气里充斥着从煤矿飘出的煤灰和硫磺烟，田地和森林都被洪水淹没，河流改变了河道，形成新的沼泽和湖泊，其中就有位于田纳西州著名的里尔富特湖。其中一次较大的余震甚至影响到了遥远的华盛顿和波士顿。在附近的肯塔基州，自然科学家约翰·奥特朋观察到：“地面在余震的震动下像湖面的波浪一样连续起伏，地表成波浪状起伏，像微风里的玉米田地一样”。虽然当地的地表受到极大的损坏，但是伤亡人数很少，这是因为该区人口密度不大。

词汇解读

•**海啸**在日语中的意思是“大港里的海浪”。海啸产生的波涛只有到达类似海港的浅水域时才会停止。海啸与潮汐或飓风引起的潮汐波不同。

•**地貌**是地球表面各种形态的总称。

知识魔方

•1958年7月9日，美国阿拉斯加州的立图亚湾发生了一次雪崩，引发了人类记录史上最高的海啸，达524米高。

•1868年8月13日，高达6层楼的海啸袭击了智利西北部的阿里卡。海啸将美国海军军舰“沃特里”号卷入内陆3千米远，船上的全体船员毫发无损，却孤立无援。这艘军舰再也没能出航。

探索路径

•1906年美国旧金山大地震后，整个城市几乎都被大火摧毁。细节请看32-33页。

•日本经常受地震和海啸的袭击。请看34-35页。

•你想自己动手制作熔岩流吗？请看40-41页。

强大的海浪

绝大多数发生在近海岸地区的地震都会引发海啸，使海底不稳定。地震引起的海浪前进速度可以达每小时800千米，当它们到达岸边浅水域时浪高达到最高点。太平洋里的夏威夷群岛已经发生了多次海啸。

1946年，阿留申群岛发生的地震引发了海啸，海啸摧毁了乌尼马克岛上的一个灯塔。海啸穿过整个太平洋，5个小时后到达夏威夷时浪高达9米，致使159人丧生。

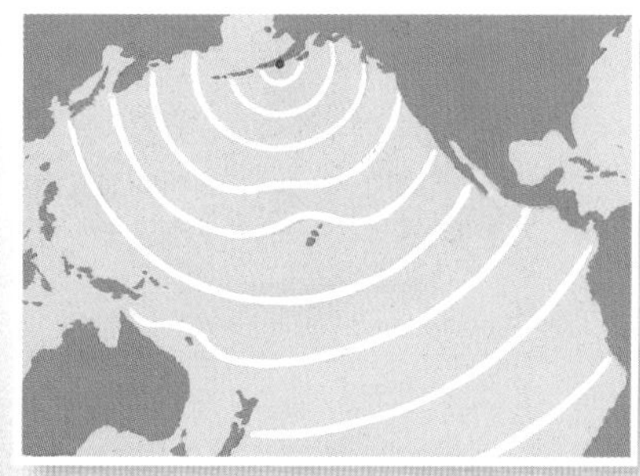

1960年，希洛市发生地震，并引发海啸。此次海啸中夏威夷有60人遇难，菲律宾和日本有120人遇难。之后，希洛市近海的建筑全部建议改建在内陆，海啸预警系统也开始进行修改。

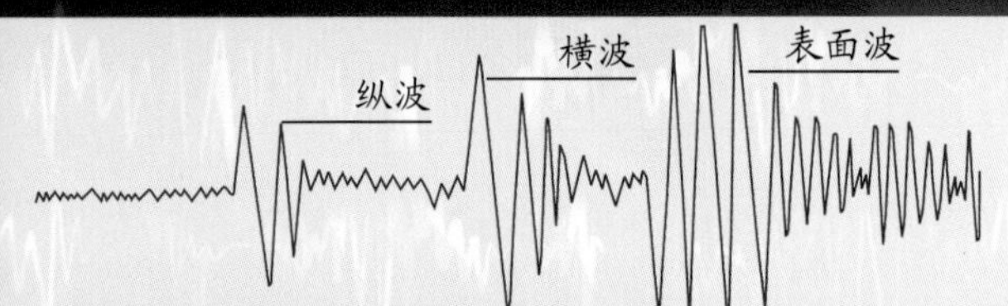

地震记录

震动图能够直观地记录下地震发生时的强度。如左图所示，纵波是密疏相间的震动，之后便是强大的致命的横波，最后到来的是波及范围广的地面波。它们会严重破坏地表，使其面目全非。

地震监测

大地震的破坏性是相当巨大的，所以几个世纪以来人们一直在寻找能够预测地震的方法。研究地震的学科被称为“地震学”，研究地震的人被称为“地震学家”。

中国最早在东汉时期就发明了监测地震的仪器，这就是伟大的天文学家张衡于公元132年发明的地动仪。这台地动仪在当时就成功测报了中国西部地区发生的一次地震，比起西方国家用仪器记录地震的历史早了一千多年。今天，科学家们在地震的多发区安装上了现代地震仪和其他仪器，收集和研究仪器所获取的信息，对比地震波的传播轨迹以及在不同点上的强弱度，这样可以帮助科学家找到地震的震中和震源。

对这些记录的研究让科学家们学会辨识何种地震波可能预示地震的发生。但是很多因素都会影响到地震发生的时间以及震级的大小。所以，即使在设备精良的今天，地震学家也只能是推测大地震可能会发生，而不是一定会发生。

地震监测系统

在地震区，地震学家沿断层线安置了各种仪器来监测地面运动或是任何可能表明地震发生的其他变化。其中的大多数仪器都是自动化的，并且可以通过数据线向观测站传递数据。

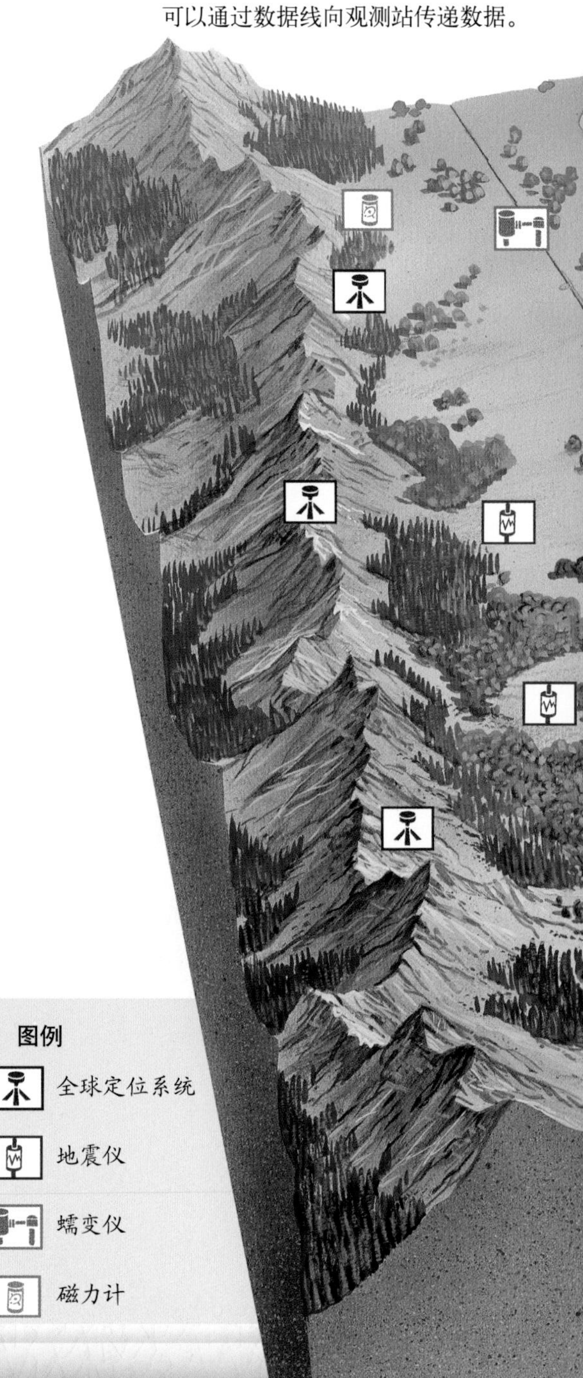

图例

- 全球定位系统
- 地震仪
- 蠕变仪
- 磁力计

自己动手

画画震动图

制作自己的地震仪，并用它来记录震颤。

1. 准备一个大水罐，注满水，不用盖盖子。然后将水罐放在卷纸上，置于桌面。用胶带将一支笔固定在水罐的一面，使笔头恰好接触到卷纸。从水罐的下面缓慢拉动卷纸，这样笔就会在纸上划出一条直线。

2. 继续拉动卷纸，同时让朋友轻轻地左右晃动桌子。这时纸上的直线就会变成像纵波一样的波浪线。晃动更大一些，波浪线会更大，变得像横波一样。如果更大幅度地晃动桌子，波浪线会更大更长，就如同地面波了。这样就画成了你自己的震动图啦！

纵波

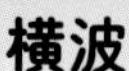

地震发生时最先到达震中的是纵波，也叫初级波。纵波会挤压、拉伸地表的岩石。

横波

横波也叫次级波，传播速度要慢于纵波。在大地里的传播过程中，会造成岩石层左右移动。

词汇解读

•seismology(**地震学**) 来源于希腊语seismos，含义与地震有关。logos在希腊语种表示“某一门知识”。

•seismometer(**地震仪**) 来自seismos和另一个希腊词metron，意思是“测量”。seismogram同样包含一个希腊词grammon，表示“震动”或是“线条”。

知识魔方

•在某些情况下，动物能在地震发生之前感知到。1975年，在中国辽宁省海城，中国的地震学家根据多年的研究积累，结合这一“天象”，成功预测了那次地震的发生时间，挽回了巨大的损失。许多老鼠和兔子跑出了洞穴，连冬眠的蛇也爬到了地面上。

探索路径

•目前的科学技术水平还无法完全准确地预知地震的时间和地点，我们必须采取其他的预防措施来保护自己。见28—29页了解更多。

•研究火山的科学家被称为“火山学家”。更多关于他们的信息在50—51页。

实时观测

地震学家在地震观测站通过相关仪器来收集信息，监测实时的重大变化。如果有任何迹象表明地震的发生指数约为10的话，他们便会预警紧急救援服务机构。

全球定位系统

全球定位系统接收从卫星发送的信号，然后传送到天文台。通过接收的信号能准确地定位。其位置一旦发生变化，我们马上就会知道地壳移动了。

地震仪

地震仪可以记录地面的震动。现在的地震仪非常的敏感，甚至可以监测到很微小的震动。如右图中所看到的一样，很多地震仪都是由太阳能供电的。

磁力计

地球的磁场会因所在板块的不同而不同。所以，磁场在改变可能就是在警告我们板块在移动。运用磁力计测量磁力可以将一般变化和板块运动所造成变化区分开来。

蠕变仪

蠕变仪可以测量出地面移动或是蠕动的距离。蠕变仪的结构是由一根金属丝横跨断层两边，金属丝的两边分别被固定在两边的柱子上，其中一边连着一个带有刻度的重物。这样当断层移动时，地震学家就可以在重物的刻度上读出断层移动的距离。

勒伏氏波

地面波紧随横波和纵波之后，只对地球表面有影响。它包括勒伏氏波和瑞利波两种。勒伏氏波使地表像蛇一样蜿蜒波动。

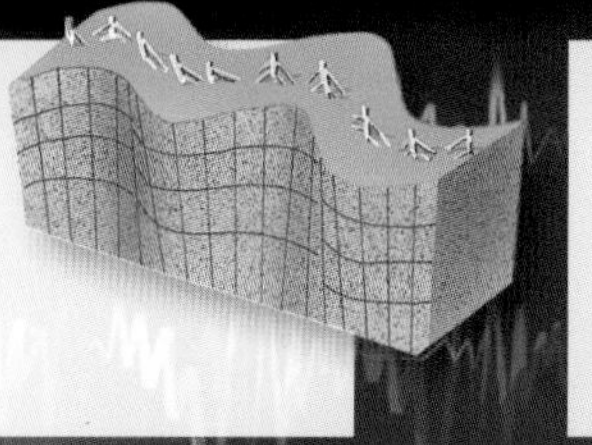

瑞利波

第二种地面波被称为“瑞利波”。如果瑞利波波速较大的话，便会引起波浪状的上下起伏。

头盔和结实的靴子

急救包

水，罐头食品，罐头开瓶器

为地震做准备

现在没有万无一失的方法能预测板块的运动，生活在地震多发区的人们必须随时做好面对灾难的准备。你生活在地震危险区吗？你知道怎么做好发生地震的准备吗？当地面开始摇晃时该怎么办呢？

你和你的家人可以通过很多方式使家里更安全，比如将书架固定在墙上，将沉重的物品放得低一点儿。你也可以进行安全演习，学习安全技术规范，当有大地震发生时，你可以从容应对，保护自己的生命。救生法包括急救、人工呼吸和灭火。用氧气袋呼吸可以避免吸入过多的烟。生活在地震多发区的人们掌握这些生存法则要像懂得如何安全地过马路一样重要。

地震多发区的政府应该大力保护当地的居民。政府可以建造新的建筑物、质量好的公路，确保学校、医院和急救中心建立在稳固的地方。还应该保证新的建筑物有抗震的功能，应该有结实的墙体，稳固坚实的地基。这些举措会在一场灾难来临时保护许多人的生命。

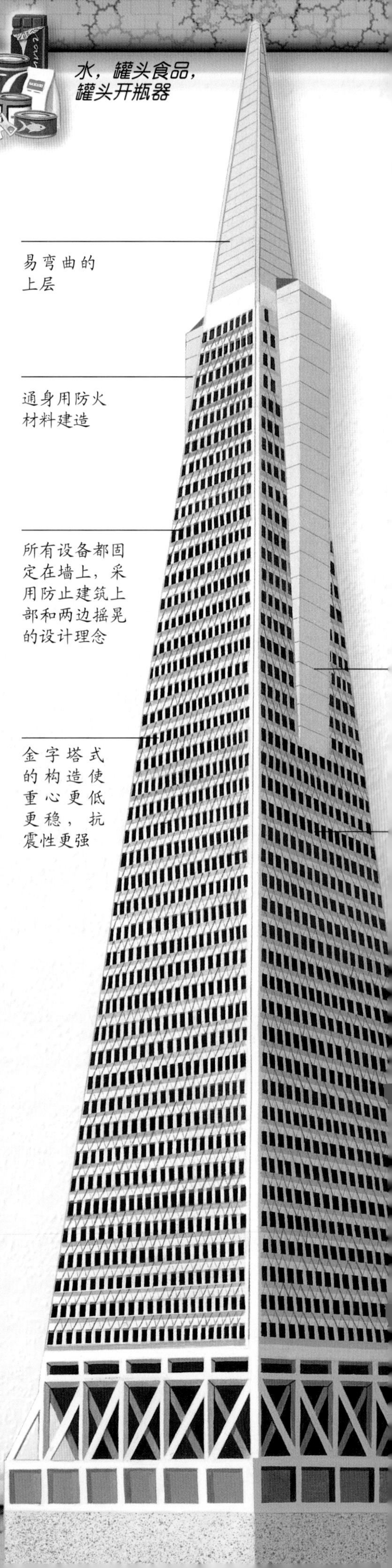

易弯曲的上层

通身用防火材料建造

所有设备都固定在墙上，采用防止建筑上部和两边摇晃的设计理念

金字塔式的构造使重心更低更稳，抗震性更强

自己动手

地震实验

科学家和建筑学家们有试验建筑物抗震效果的方法，就是通过建造一个成比例的模型，将其放在一个摇晃台上。这个机器以模拟地震摇晃方式来摇晃这个模型。

1. 准备一个轻便的小桌子，一些积木和9个中等大小的气球，但不要吹得太大。将桌子反面向上放在气球上。

2. 如图所示，用书和积木在桌子反面上建造几种不同结构的建筑。

3. 轻轻地摇晃桌子，看看会发生什么。然后用力摇晃，看看哪种建筑最先倒塌，哪几种建筑物比其他的抗震效果好？

手电筒和哨子

收音机和电池

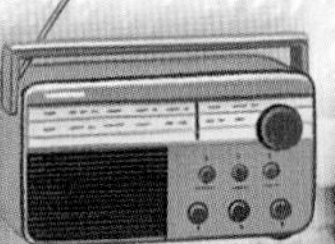

词汇解读

•住在地震区，为灾难的降临做好准备是必不可少的，因为你不能靠运气来保护自己。**灾难**这个词在意大利语中，是“运气不好”的意思。

•**建筑**这个词在印欧语系中拼写为**bheue**，意思是“存在的”。古英语中动词形式是**byldan**，意思是“建一座房子”。

知识魔方

•亚美尼亚和美国的旧金山分别在1988年和1989年发生了地震，两次地震级数差不多，但是在亚美尼亚，有25,000人丧生，而加利福尼亚州只有62人遇难。这主要是因为加州的安全住房条件发挥了作用。

•自从1923年日本发生关东大地震后，日本东京在每年的9月1日都会进行全民性的地震演习，因为这一天是关东大地震的纪念日，大约有14万人在这次大地震中遇难。

探索路径

•科学家们仍然不能预测地震，但是他们可以观察到灾难的前兆。请阅读26-27页，了解更多。

•旧金山经常发生地震，是因为它处于圣安的列斯断层上。请阅读16-17页，进一步了解该断层。

•1989年洛马普里埃塔地震是加州近些年来最大的地震。请看32-33页。

•日本是世界上地震发生频率最高的地区之一。请看34-35页。

抗震建筑

美国的旧金山经常发生地震，所以该城市的很多建筑物都建成可以抵御大地震的结构。泛美金字塔于1972年完工，该建筑具有许多独特的特点，都是为了能够缓冲震动，抵御摇晃。在1989年的洛马普里埃塔地震中，泛美金字塔摇晃了一分多钟，倾斜了0.3米，但仍旧毫无损坏。

西侧和东侧都建有应急楼梯，中间是电梯

白色的石英石建在钢结构外面用以加固，这样的设计是为了防止侧面摇晃

坚固的底层楼梯

第二层和第五层之间有20个4根桅樯的金字塔结构

深深的地基牢牢地打在坚硬的岩石上

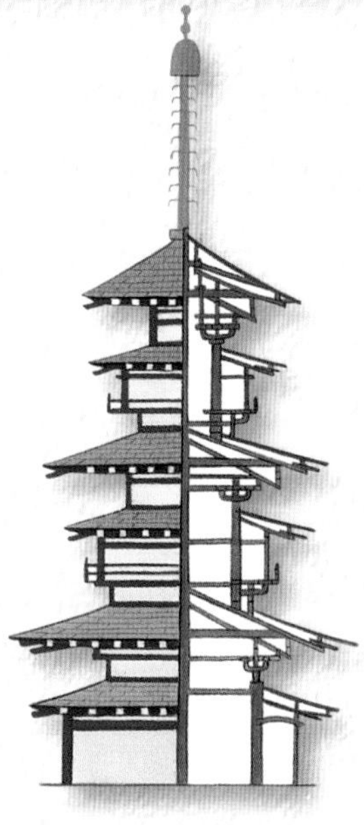

经久耐用

塔在亚洲很常见，有些甚至可以追溯到近千年前。塔的构造和结构使它们防震效果非常好。通常情况下，塔正中心有一根坚固的圆柱支撑整个塔身，这根柱子可能在地震中摇晃，但是一般不会倒。此外，各层塔都能弯曲而不倒塌。

救生课

日本是地震常发区，这对其高密度的人口来说是很大的威胁。日本儿童从小就会学习在发生地震时该怎样做。在特别危险的地区，人们会定期举行地震演习，学习使用像头盔这样的安全器材。图片中是孩子们在学习迅速蹲下躲起来。

做好准备

如果你居住在地震带上，你就应该知道在地震前、地震时以及地震后该怎么做。

将家具和家里的东西固定在地板上或墙上，让你的家成为一个更安全的地方。把地震用品包放在方便拿取的地方。地震用品包里要带的东西已在前一页的顶部和底部列举。

当地震发生时，远离门窗。如果来得及，你应该迅速蹲下躲到家具下面。比如躲在坚固的书桌下，用一只胳膊护住脸，另一只胳膊牢牢抓紧桌腿。

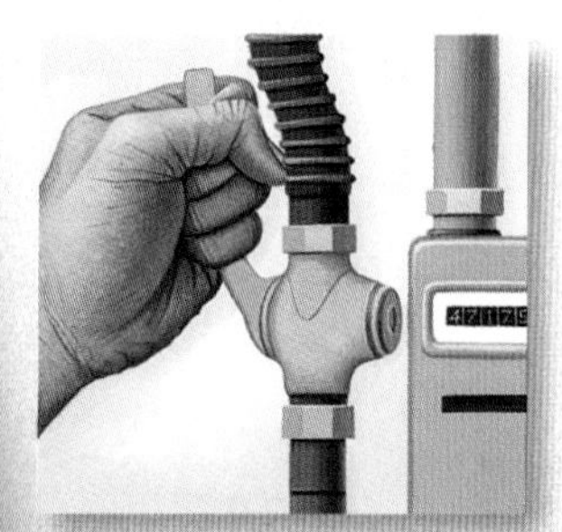

侥幸逃过地震后，还要小心碎玻璃、碎砖瓦和破裂的管道。如果闻到煤气味，马上告诉大人关闭总阀门。

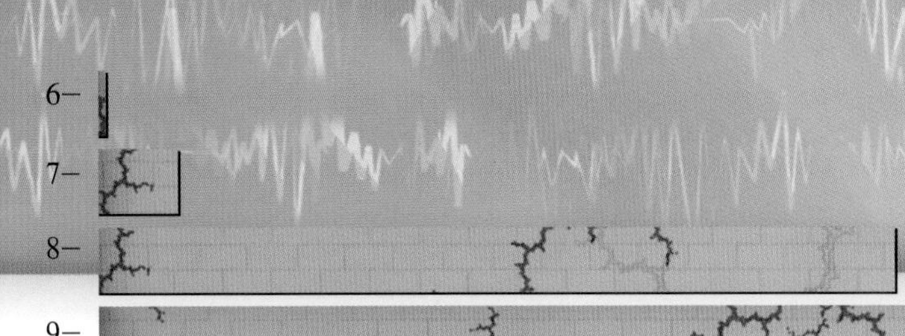

巨大的跨跃

严格地说，里氏震级里每升高一级，地震强度就增长10倍。就是说里氏7级比6级强烈10倍，里氏8级比6级强烈100倍，而里氏9级比6级强烈1,000倍。

大型地震

在人类居住的很多地方，地震随时都有可能发生，其中一些地方震动的可能性要稍大一些。地球上最容易发生地震的地方是板块交界处，沿着板块碰撞区，地震经常发生在板块挤压、相互摩擦、潜没的地方。

板块中部也会发生地震，最起码你要知道有这样的事情发生。在古代断层线上的岩石也可能会突然移动，当一个板块以很小的角度潜没时，冲击波会引起巨大的震颤，将离板块边界很远的内陆地表掀起，就像美国加利福尼亚州的查尔斯顿和澳大利亚中部的滕南特克里克。

科学家们用里氏震级比较地震的级数和强度。里氏震级是20世纪30年代美国地震学家查尔斯·里克特提出的。里氏震级没有上限，每升高一级强度增加10倍，但是总能量至少提高了30倍。幸运的是，里氏8级或8级以上的大地震鲜有发生。每年中5级左右的地震大概发生1,200次，同样的时段里，6级左右的地震大概会发生115次，7级左右的地震大概会发生11次，偶尔也会有一两次8级地震。

7.4级 1999年，伊兹米特

8月17日，安纳托利亚断层突然活动，引起了20世纪最大的一次地震。数千座建筑倒塌，至少1,700人遇难。

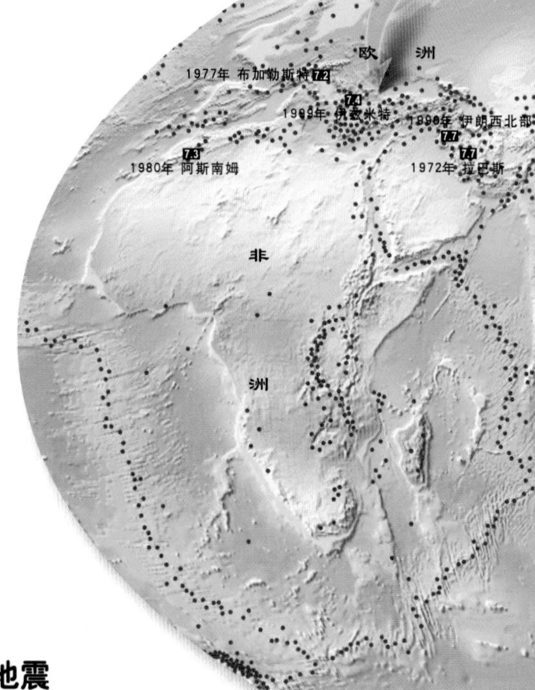

大型地震

这个地图精确地指出了一些有记录的大型地震。看看有多少是发生在板块边缘的。最主要的危险区域是太平洋板块与美洲板块和与亚洲板块交界处，以及阿尔卑斯山脉和喜马拉雅山脉地带。

背景故事

大地震的幸存者

1755年11月1日9:40，历史上最强烈的地震之一发生在葡萄牙首都里斯本。里氏震级约在8.7级以上。英国人托马斯·蔡斯在给其母亲的信中生动地描述了这场地震。地震发生时，他爬到房顶看是怎么回事。他看到大地在晃动，伴随着翻跟头一般的动作，又像海里的波浪。就在他观察的时候，他脚下的房子倒塌了。幸运的是蔡斯活下来了，他爬出废墟，被朋友们救出来，成为幸运者之一。这次地震导致六十多万人丧生，一座繁华的欧洲城市变成一片废墟。

词汇解读

•**震级**是“规模”或“程度”的意思。

•地震通常会造成地表开裂，叫做**地裂缝**。

•**震源**是地震的发源地，也就是地球内部发生地震的地方。

知识魔方

•有的地震非常强烈，以至于记录地震波的测震仪的指针都坏掉了。比如，1950年印度的阿萨姆邦发生的里氏9级的地震。

•1964年阿拉斯加大地震大约释放了20万兆吨的能量，是历史上所有爆发过的原子弹总能量的400倍。

探索路径

•试图想向一下经历一场大地震是什么感受。请阅读22–23页。

•1960年智利大地震引发的海啸使夏威夷的61人遇难。请阅读25页，看看是怎么回事。

•大多数火山喷发都是发生在板块边界处。请看22–23页。

8.2级　1976年，中国，唐山

1976年7月28日和29日，唐山发生一连串震级在7.1～8.2级的大地震。唐山地震发生前没有发生小规模前震，震源在地下12千米，约有24.2万人丧生。

8.4级 1964年，美国，阿拉斯加

3月27日，安克雷奇和科迪亚克岛发生8.4级地震。海啸席卷海港，陆地上出现地裂缝，建筑物坍塌，储油罐起火。幸运的是，仅有131人在这场灾难中丧生。

8.1级　1985年，墨西哥，墨西哥城

9月19日，拥有1,800万人口的墨西哥城发生8.1级地震。两天后，又发生了一场7.6级的余震，一万多人遇难。

8.2 1976年 唐山
1964年 新潟 7.5
1995年 神户 7.2
2008年 汶川 8.0
2013年 雅安 7.0
1976年 棉兰老岛 7.8
7.1 1989年 圣弗朗西斯科(旧金山)
北美洲
8.5 1985年 墨西哥城
7.5 1976年 危地马拉
7.8 1970年 秘鲁北部
南美洲
大洋洲
1968年 新西兰伊南加瓦 7.1
1960年 瓦尔迪维亚 8.3
南极洲

图例

地震发生地 ·

1960年以来部分7级以上的大地震 7.0

8.3级　1960年，智利，瓦尔迪维亚

1960年3月21日和30日，智利的南部发生了人类历史上有记录的最强烈的一系列地震，造成五千多人死亡。地震引发了巨大的海啸，席卷了整个太平洋。

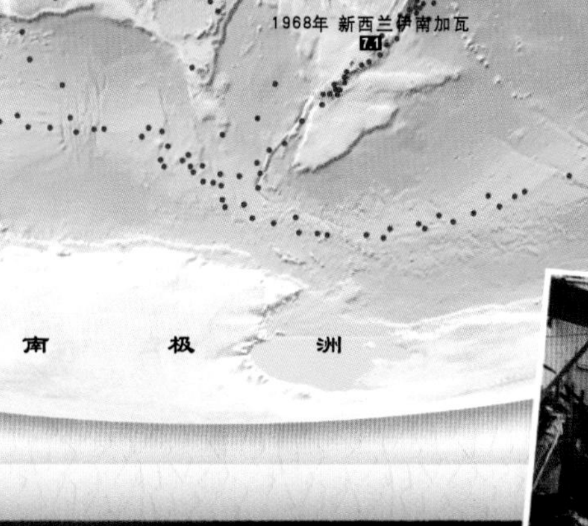

1906年，托马斯湾，篱笆柱受地震的影响错开

1994年，洛杉矶北大桥的高架桥在地震中损坏

加利福尼亚

美国的加利福尼亚州几乎每天都有小震颤，平均每年有一场影响整个州的破坏性地震。大多数发生在加利福尼亚州的地震都是由圣安的列斯断层滑动所致，断层的东边是北美洲板块，西边是太平洋板块。北美洲板块向西南方向移动，太平洋板块向西北方向移动。两个板块交错挤压，张力突然释放产生地震波。

自从人类记录地震开始后，加州发生了三次大型地震，1857年发生在蒂洪山口的里氏约7.9级地震，1872年发生在欧文谷的里氏7.8级地震和1906年发生在托马利斯湾的里氏8.3级地震。破坏力最强的一次是1906年的大地震，几乎将整个旧金山市摧毁。最近的几次大地震分别是：1987年惠蒂尔海峡大地震，里氏约6.1级；1989年洛马普里埃塔大地震，里氏7.1级，1994年洛杉矶北岭大地震，里氏6.8级。

今后这里肯定还会有大型地震发生。地震学家预测，在接下来的30年里，加州有2/3的可能发生7级或更强烈的地震。该州的人民努力改进断层预警设备，加强改建防震建筑，扩大地震教育计划，来迎接下一次的大地震。

地震剪影

1992年6月，卫星利用雷达监测到加利福尼亚州东部的兰德斯断层带发生了里氏7.5级地震。在图中，黑线代表断层，彩色的波浪线显示出大地垂直移动的痕迹。线与线之间越密集代表移动距离越大。

地震开始30秒后，冲击波袭击了旧金山市。连接旧金山市和奥克兰市的双层海湾大桥上层断裂。

在旧金山市的海港停靠区，建立在松软的沙滩上的房屋晃动时间达15秒，很多房屋倒塌。砂石被上下震荡得像沸腾的粥，水管破裂，燃气管道起火。

圣何塞

即时回放

1989年10月17日下午5点刚过，加利福尼亚州北部发生了强烈的地震，震中位于圣库鲁斯山的洛马普里埃塔，此次地震造成60亿美元的损失，共有62人遇难。

支离破碎的城市

加利福尼亚州最有破坏力的一次地震发生在1906年4月18日早晨，北起阿里纳，南至圣胡安包蒂斯塔，圣安的列斯断层处400千米长的地区突然发生移动，震中位于旧金山以北64千米的托马斯湾。旧金山市约有三千人死于这场地震，市内20%的建筑物坍塌，整个城市百分之80%的面积都被随之而来的大火吞噬。

旧金山市政厅的砖墙倒塌，建筑被大火烧毁，只有金属框架得以保存。新的市政厅在1915年完工。

词汇解读

•洛马普里埃塔来自于西班牙语，意思是“黑山”。在1989年大地震后，这个山就经常被称为“黑暗中翻滚的山”。

•在北美的英语里，地震有另一种拼写**temblor**，来自于西班牙语，意思是“震颤的”。

知识魔方

•每年加利福尼亚都会发生数千万次的地震，但其中只有万分之一会造成损失。1872年，在欧文谷发生的大地震中，断层两边的土地移动了6米，上升了7米。

探索路径

•在美国加州部分地区，圣安的列斯断层在地表呈现出一个巨大的疤痕。请看16-17页。

•看看科学家们是怎样检测地面的震动的。请看26-27页。

•旧金山市大部分新建筑都是防震的，足以承受大地震的震动。请看28-29页。

桑塔克鲁斯的太平洋花园购物中心里，许多商店建在河边的软地上，地震袭来时强烈的晃动使商店纷纷坍塌。购物中心有一个老旅馆，在地震中倒塌，压在下面的一间门市部上。

背景故事

第一击！

1989年10月17日，对于旧金山市的体育迷们是一个残酷的日子。旧金山巨人队和奥克兰运动家队之间举行的国际棒球联赛在烛台公园举行。刚过17:00时，6万名激动的观众在体育馆内就座，而17:04时，球迷们突然感觉到座位在晃动，照明灯也在摇摆。有人大喊：地震了！像是钢筋混凝土筑的高墙已经倒塌了一样。但是体育馆禁住了地震的晃动。令人惊奇的是，没有人员伤亡。比赛当然也取消了。比赛得分：地震1分，进球0分。

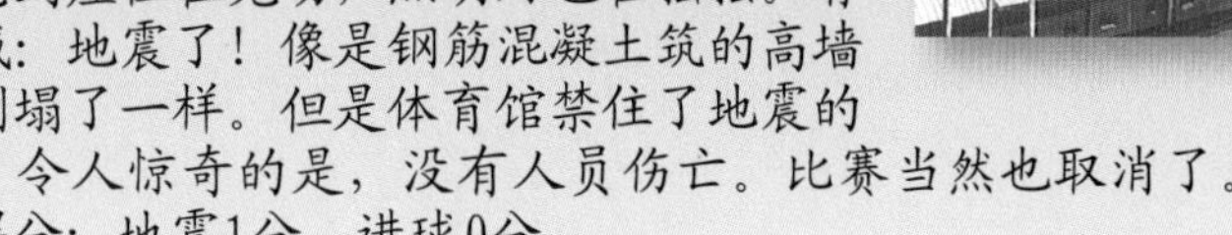

洛马普里埃塔地震的震中地区，路上到处都是巨型石块，树被连根拔起，无数的房屋倒塌

地震波从震中开始传播，地震的震级向外逐渐减小

在大亚瑟，整个一面山在地震中崩裂，成吨的碎石块滚到下面的公路上。

圣克鲁兹

圣安的列斯断层

洛马普里埃塔

蒙特利

震源

大索尔

巨大的震颤将城市的大部分夷为平地，木质结构的房屋延展性较好，抗震性比砖石结构的建筑物好得多。

地震过后，幸存者还要继续面临其他的危险——大火。燃气管道被打翻的炉灶着火，大火蔓延了整个城市，燃烧了四天，使上千人无家可归。因为水管也被震断，消防员们不得不引海水来救火。

富士山

日本早期的地震仪

日本

在日本岛的地下，三块地壳板块相互挤推。在东南方，菲律宾板块俯冲到亚欧板块下。同时，在东边，太平洋板块潜进亚欧板块和菲律宾板块下面。三块板块相互挤压碰撞、摩擦、下潜，使日本岛上1.277亿居民已经习惯了地震、火山喷发和海啸的袭击。

该国大多数地震都是由潜没地区出现的断层移动所致，其他的是由火山活动造成的。日本最大的一次地震发生在中南部海岸，里氏8～8.5级。日本北部是最安全的地区，这里发生的地震很少达到6.5～7级。

日本记录地震已经有两千多年的历史了。日本古代神话里认为大地震颤是因为地下住着一条巨大的鲇鱼，大鱼抽打地面导致大地颤动。今天，日本的地震学家用最先进的仪器检测板块运动，用电脑模型来预测地震。地震学家们还开展非常有效的大众地震知识普及活动，并创建了世界上最好的地震观测网络。

下沉的感觉

神户许多建筑都是抗震结构的，但是有些房屋的地基不稳，地震使水渍土壤液化，这些房屋就会坍塌。

猛然觉醒

1995年1月17日凌晨5:46分，震级为7.2的大地震将神户的居民从床上晃了下来。15万幢高楼在这次地震中遭到毁坏，5,000多人丧生。大段的阪神电气铁道在混凝土枕木坍塌后也随之瘫痪。

背景故事

碰巧发生

1948年6月，美国摄影师卡尔·迈当斯正在日本的福井县工作。他刚到福井不久，那天他正在吃晚饭，当地发生了7.3级地震。迈当斯回忆说：“混凝土地面裂开了，桌子和碟子都朝我们的脸飞来，我们就像爆米花一样疯狂地乱蹦乱跳”。迈当斯拿着摄像机冲出屋外，他拍摄了正在坍塌的高楼以及在家里手足无措的幸存者。3,500人在这次灾难中丧生，卡尔·迈当斯深受震撼，他参加活动，呼吁日本政府为每家每户提供了一套防震工具箱，其中包括斧子、撬棍和一把剪线钳。

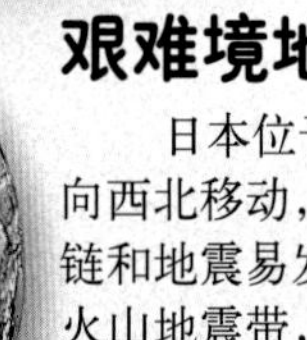

艰难境地

日本位于太平洋板块的边缘。这个板块向西北移动，断裂成几个小板块，形成火山链和地震易发地。这些地区被称为环太平洋火山地震带，如图中的红色标识。这个火山地震包括了世界上大部分火山和地震。

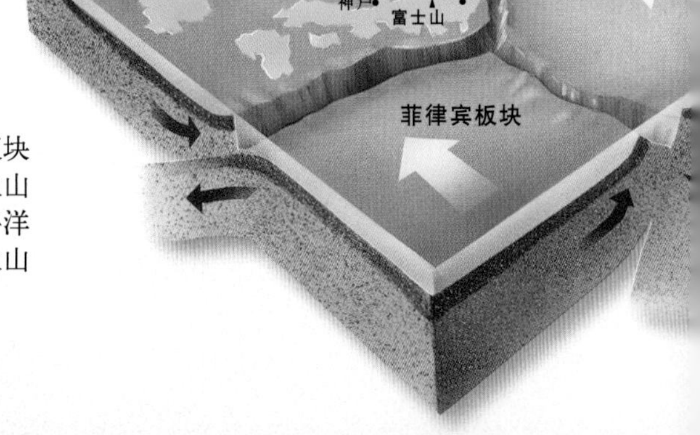

欧亚板块
福井
神户
富士山
东京
太平洋板块
菲律宾板块

词汇解读

•在日本神话中，只要**鹿岛神**用大石头将鲶鱼压住，日本就是安全的。但如果鹿岛神让鲶鱼逃脱，它会到处剧烈运动，大地就会震动。纵观历史，艺术家们已经描绘了许多鲶鱼的形象。这些图画就是日本鲶鱼画，据说能给人带来好运。这些图画中经常有鼓励地震幸存者的文字。

知识魔方

•日本有1,500块活动断层。一千多年以来，这些断层导致了400多次大地震。

•1896年6月15日，海啸袭击了日本南部，摧毁了沿海城镇。海浪从海上作业的渔船队下面通过时，船上的人们并没有察觉，但是当渔民们返回岸边后才发现家园已被毁。

探索路径

•当厚的板块迫使薄的板块向下嵌入地幔，便会产生潜没。请看14-15页了解更多的相关知识。

•日本儿童很小的时候便学习怎样在地震中保护自己。请看29页，了解他们学习的内容。

在什么情况下能看到颜色鲜艳的日出？请看44-45页。

火上浇油

神户的许多传统木屋都燃烧起来，五百多处火苗熊熊燃烧，火势蔓延全城。

祸不单行

日本处在太平洋板块和菲律宾板块之上。太平洋板块平均每年移动约10厘米，将陆地下方的海洋地壳拖动523千米，而菲律宾板块的移动速度仅为每年5厘米，却令日本的海底下沉了145千米。这两股俯冲力量引发了日本许多的地震和火山喷发。

警戒

日本有很多监测站，如图所示。一旦监测出有地震或火山喷发，监测人员便会向紧急服务和灾害控制中心发出警告。

火山

当地球内部的热量把岩石熔化时，就会形成一种炽热的胶状液体，即岩浆。岩浆上升至地表并从地壳较薄处喷出，导致火山喷发。世界上每时每刻都会有火山喷发。大型或意外的火山喷发非常危险，会导致大范围的破坏。火山喷发主要的危害来自于炽热的岩浆、有毒气体和火山灰。而且火山喷发也会引发泥石流、雪崩和洪水，因为火山喷发的破坏性极大，火山学家努力确定火山可能喷发的时间和方式。

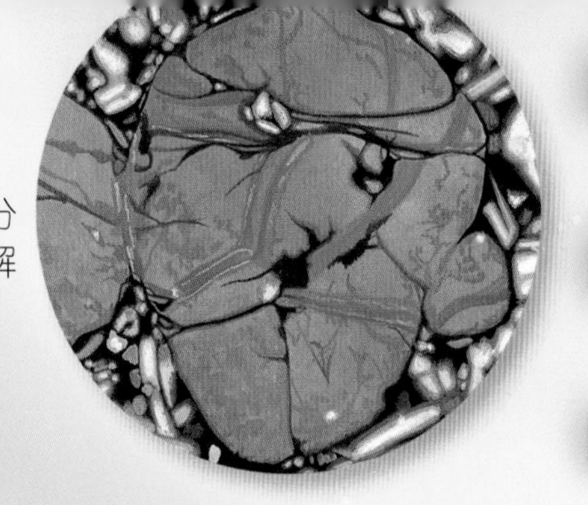

50 科学家们用显微镜观察分析火山岩的成分，来了解地球的内部。

请看**火山学**。

52 历史上最长的侧出口火山喷发发生在太平洋的哪个岛上？

请看**大型火山喷发**。

54 怎样通过研究火山来了解古代文明？

请看**地中海**。

56 你知道中大西洋海岭的扩张正在把一个岛分开吗？

请看**冰岛**。

58 1980年5月18日，美国境内的一座火山发生了本世纪最强烈的火山喷发，你知道是哪座火山吗？

请看**北美洲西部**。

60 你知道用望远镜可以观察到月球表面火山活动留下的痕迹吗？

请看**其他星球上的火山**。

埃特纳火山，意大利

喀拉喀托火山，印度尼西亚

揭秘火山之下

从远处看火山喷发或许令人兴奋，而且看上去很美。但是靠近它后会觉得很恐怖。火山喷发时，没有人愿意靠近它。那么火山喷发前有什么征兆呢？通常大地会隆隆作响，不断膨胀，地面开始断裂。而且气体从洞里溢出，硫磺的臭味弥漫空中。大地凹处会溅射出碎石块，同时岩浆从断裂处渗出，温泉不断冒出气泡，动物们会焦躁不安。如果动物们开始纷纷逃跑，你也该尽快离开了。

小型的火山喷发可能只是喷出气体，但有时气体会将熔岩抛向高空，导致熔岩像烟火表演一样四处喷射。压力减轻后，熔岩的喷射会变成稳定的熔岩流，偶尔熔岩堵住了出口，大量气体积聚在下面，气体爆发可能会投掷出巨大的石块，喷射出熔岩并向空中释放大量的灰尘。

一些火山喷发在几小时内就会结束，而有些火山喷发会持续几十年。许多火山喷发是毁灭性的，熔岩激流或碎石块会毁坏一切阻挡它们的东西，飞石会令人丧命，甚至慢慢降落的灰尘和灰烬也会迅速埋没植物、人类和建筑。火山在几小时内就能把苍翠繁茂、生机勃勃的风景变为一片荒漠。

天气模式

火山喷发能改变天气，温暖的灰尘和气体能够创造适合于雷电发生的湿润环境。因此火山喷发时经常伴随着剧烈的闪电。

背景故事

火山日志

1943年末的一天，日本北海道南部厚别区邮政局长三松正夫感觉到附近的有珠火山在震动，很快，他注意到有珠山侧面有一个新的圆顶。他很好奇，便开始给这座新形成的山画素描，这座新山便是昭和新山。

火山到1945年9月便停止增长，到那时为止，三松正夫已经画了厚厚一本素描，是最完整的火山喷发记录之一。现在这本素描已经出版。如果你翻阅这些素描，昭和新山就在你面前慢慢增高起来。

1945年9月10日

1944年6月5日

火幕

地壳里长长的垂直裂缝就是裂沟，熔岩从裂沟喷薄而出，会形成壮观的红色火幕。裂沟可能会延伸至27千米并喷射出大量的熔岩。

词汇解读

•若火山正在喷发，则为**活火山**；如果火山长时间不喷发，但有喷发的迹象，则为**休眠火山**；如果几千年来，火山都未喷发，则为**死火山**。

•火山这个词来源于罗马火神的名字——**Vulcan（伏尔坎）**。据说伏尔坎住在意大利乌尔卡诺岛的一个火山口内。

知识魔方

•1943年2月，住在墨西哥帕里库廷火山的农民迪奥尼西奥·普利多听到自己的田地有奇怪的隆隆声。几周后，他看到一个洞里冒烟。第二天，一个凝灰火山堆盖住了那个洞，这个凝灰火山堆的高度是普利多身高的25倍。一周以后，一座有40层楼高的火山覆盖了整个田地。到1944年9月，火山岩浆已经埋没了迪奥尼西奥所在的村庄。

探索路径

•许多火山形成于俯冲带上。请阅读第14-15页。
•伏尔坎宁式、普林尼式、匹利安式喷发都能产生岩崩和大量灰烬，称为火山碎屑流。请阅读第42-43页以了解更多知识。
•火山喷发停止，但危险并没有结束。请阅读44-45页。
•历史上最强烈的火山喷发在哪里？请阅读第52-53页寻找答案。

火山灰云

通过火山口的熔岩

火山剖析

在火山喷发过程中，火山岩浆冲向地球表面。有些岩浆从出口和裂沟喷射，但有些岩浆会留在地下，挤进岩石层。岩浆主体部分形状不同，就有不同的名称。

火山碎屑流：由热岩浆、灰尘和气体构成激流

火山岩浆从中间喷口流出

废弃的岩浆囊

岩浆从岩浆囊中上升

火山喷发的形式

科学家用下列这些名字来区别不同的喷发形式。

夏威夷式

熔岩流和熔岩喷泉从火山口和裂沟喷发，熔岩流形成宽阔低矮的盾状火山。

斯特隆布利式

半凝固熔岩的喷发将岩石、灰尘和灰烬抛向空中，落下的碎屑堆积成高的山堆，如果碎屑堆太陡便会坍塌。

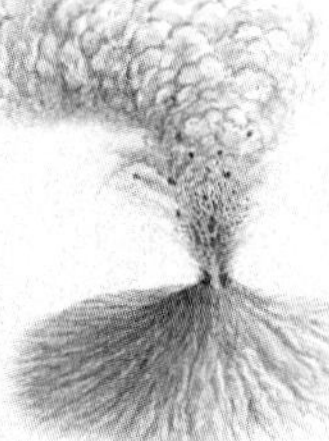

伏尔坎宁式

剧烈的火山喷发将大块石头和熔岩抛至高空，剧烈的爆炸导致浓厚的黏性熔岩下面堆积了大量气体。

普林尼式

剧烈的火山喷发后，火山的熔岩库便空了，而且会产生大量高至48千米的火山灰云。

匹利安式

火山口内的固体熔岩山倒塌，释放出火山碎屑流。火山碎屑流上不断升高的气体则形成火山灰云。

熔岩流

熔岩是火山喷发的生命之源。无论在碰撞带、裂谷、大洋中脊还是热点之上，熔岩都是火山的燃料和基石。但熔岩的化学物质、气体及喷发方式不同，导致熔岩的形式不同。爆裂喷发散发出浓浓的黏性熔岩，这些熔岩有的像炮弹一样“爆炸”，有的像糖浆一样地缓慢流淌。缓慢喷发释放出可蔓延160千米的熔岩流，流速达每小时48千米。

熔岩蔓延的同时，温度降低，逐渐凝固。火山学家用不同的名字描述熔岩冷却的方式，其中很多名字都来自夏威夷，因为那里有很多火山。有着光滑流动表面的熔岩叫绳状熔岩；硬化成尖块的熔岩叫AA式熔岩；熔岩细丝状的叫火山女神（夏威夷的火山神）之发；熔岩的液滴叫火山女神之泪。

流动的熔岩冷却后通常会形成玄武岩。较浓厚的黏性熔岩会形成其他类型的岩石，如流纹岩。气体从逐渐冷却的熔岩中散发出来，岩石上就会形成小孔。气体较多的玄武岩和流纹岩分别被称为火山渣和浮岩。迅速冷却的熔岩形成火山玻璃，即松脂石。如果是玄武熔岩就是玄武玻璃，若是流纹熔岩便是黑曜石。

火之河

在夏威夷火山喷发期间，流动的熔岩直接从火山口或裂沟中喷发而出。熔岩顺斜坡而下，浇灌了所有突出部分和悬崖，充满了整个峡谷。熔岩流的外表面是最先冷却的。有时山顶和侧面的熔岩冷却变硬，形成了熔岩管，然后火热的熔岩继续从熔岩管上流过。

绳状熔岩

流动缓慢的熔岩冷却时，它的表面会形成薄薄的、皱皱巴巴的外层。这种熔岩就是绳状熔岩，在夏威夷语中，它的意思是“流动的”。

绳状熔岩的流动通常和缠绕的绳子一样，最后是圆圆的脚趾状的绳结。当越来越多的熔岩从绳子上升高时，在绳结处分开，增加了绳状熔岩的流动路线。绳状熔岩通常不到1米厚。

词汇解读

•一些熔岩用夏威夷的火山女神**佩蕾**命名，据说她住在夏威夷岛的基拉韦厄火山里，当她心情不好时，她就会将熔岩甩出火山口。

•**AA式熔岩**来自于夏威夷语，意思是“尖锐的”。据说它源于人光脚走过参差不齐的岩石上时发出的“啊啊”的声音。

知识魔方

•1983年到1989年间，夏威夷的基拉韦厄火山喷发出的岩浆足以铺成一条能够绕地球四圈的公路。

•世界上已知的最长的岩浆流是19万年前澳大利亚东北部乌达拉境内的一座火山所喷发出的。它绵延超过160千米，连它的岩浆管还依稀可见。

探索路径

•在大洋下面，喷发的熔岩迅速冷却，形成小丘，叫做枕状熔岩。请看12-13页。

•夏威夷岛是一个喷发的热点形成的。请看18-19页，了解更多关于热点的内容。

•熔岩有时从火山口喷出，有时从岩石缝中迸出，或者从细孔里流出。请看39页，了解不同形式的喷发。

•大量的古熔岩流覆盖着地球上大部分地区。请看48-49页。

生长的海岛

在夏威夷，熔岩流经常流到海里。当鲜红炽热的液体流到水中时，波涛般滚滚上升的水蒸气形成巨大的云团。熔岩迅速冷却变成岩石，给岸边增添出新的陆地。

自己动手

制作“熔岩流”蛋糕

取半杯红糖、两满汤匙可可粉备用。准备一杯面粉、半杯牛奶、两汤匙黄油和半汤匙盐，混合为奶油面糊，将面糊倒在涂过油的平底锅里，用手将混合物拢出一个尖。

将半杯红糖和两汤匙可可粉混合，洒在面糊上面，小心地将一杯热水倒在混合物上。

将烤盘放在预热到220℃的烤箱里，烘烤30-40分钟。当巧克力熔岩开始流淌时，蛋糕就好了。记住，熔岩可是非常烫的，等它凉下来时再吃！

AA式熔岩

当大量的熔岩迅速喷出时，冷却过程中就会形成粗糙的大块，叫做AA式熔岩。它的表面参差不齐，新喷发出的熔岩流过或覆盖多次。最终，整个熔岩流凝固，形成一大块岩石。如果AA式熔岩流入一个深的峡谷，可能会有100米厚。

佩蕾的头发

块状的熔岩可能会被风或火山爆发力拉扯成细丝状。当一股股熔岩冷却并落下来时，形成像玻璃一样的发状细丝。

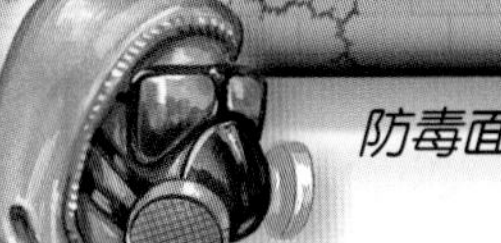

防毒面具

头盔和护目镜

火山灰与毒气

所有的火山喷发都是气体推动的。当气体从向上移动的岩浆中释放出来时会很剧烈，这有两个原因，一种是地底的压力很大，上面的岩石无法抵挡；另一种是火山倒塌导致压力突然减少，气体夹带着碎石屑、岩浆液滴和灰烬冲向高空。

火山喷发中最普遍的气体是蒸汽（水蒸气）、二氧化硫和二氧化碳，蒸汽能造成烫伤。大量的二氧化碳能令所有呼吸氧气的生物窒息，包括人类。二氧化硫在大气层中遇到水蒸气形成酸雨。不常见的气体还有氯、氟（它们都是有毒气体，能够腐蚀金属）和硫化氢（以“臭鸡蛋气体”著称）。戴着防毒面具、头盔和护目镜会为我们提供一些保护。

气体推动的灰云会引发灾难。降落的灰尘令天空阴沉数日，灰尘会蔓延到很远的地方。灰尘堆积会阻碍陆路和水路、压弯屋顶并腐蚀机械。更危险的是火山碎屑流，这些火热的灰烬和气体以每小时几百千米的速度覆盖斜坡，淹没一路上遇到的所有东西。

咆哮的山

1995年7月，加勒比海蒙特塞拉特岛上的火山喷发，蒸汽和二氧化硫气体将灰尘洒满了整个岛屿，熔岩穹丘在火山口周围膨胀起来。从1996年7月开始这个穹丘反复倒塌，将大量火山碎屑流排至大海，这些火山碎屑流摧毁了16台通风机，许多当地居民不得不逃离家园。

自己动手

爆炸反应

下面这个方法能让我们不用受到其不良影响就能看到火山喷发。确保你做实验时有大人在场。

1. 找一个空的喷壶，把喷嘴去掉。这个容器就是你的火山。

2. 在空喷壶里装入1/3容量的白醋和几滴红色食用色素。然后把喷壶放在水槽、浴室或露天院子里。这个火山喷发会造成乱七八糟的景象的。

3. 现在取半杯水，加上一勺小苏打，迅速将其倒入喷壶。然后往后站，离得远一些。

一股像气体的烟从喷壶里射了出来，就像爆炸式火山喷发。你可以再做一次实验，往白醋溶液中加入几滴洗洁精。这一次，当你往喷壶中倒入小苏打溶液，喷壶就会“咕咕”冒泡，像火山碎屑流一样。

白昼成黑夜

1995年8月，在蒙特塞拉特的原首府新普利茅斯，许多灰尘落下，白天看起来像晚上一样黑。不断发生的火山喷发使得整座城市下起了灰雨。1996年初，所有居民都搬离了这座城市。1999年，火山仍在喷发，居民仍然无法回到自己的家园。

词汇解读

•**火山碎屑**一词是希腊语**pyros（火）**和**klostos（破碎的）**的结合体。火山碎屑流包括着许多火热的火石碎片。

•**燃烧的云**一词源自法语**nuée（云层）和ordentc（灼热的）**。火山学家阿尔弗莱德·拉克鲁瓦在1902年研究马提尼克岛的培雷火山时，首次描述了这些火山碎屑流。

知识魔方

•公元186年，新西兰岛陶波湖火山的爆发引发了一场大型火山碎屑流。据估计，这场火山碎屑流以喷气式飞机的速度（每小时725千米）蔓延到整个岛屿。

•火山碎屑流速度非常快，甚至可以越过水域。日本鹿岛的史前火山碎屑流蔓延至60千米，其中包括10千米的开阔水面。

探索路径

•火山喷发出的火山灰和雨水混和在一起可以形成毁灭性的泥石流。请阅读第44-45页。

•历史上最剧烈的火山喷发喷涌出大量的灰烬和气体。请阅读第52-53页了解更多信息。

•公元79年，浮石和火山碎屑流埋没了意大利的庞贝城。庞贝城被掩埋了1,700多年。请阅读54-55页。

火山碎屑流

猛烈的爆裂喷发会导致火山碎屑流，其形式多种多样，但主要形式有如下两种。

垂直爆裂喷发

最先的爆发将大量的火山物质往上推。最终，一些火山物质爆炸并降落到地面上。灰烬和气体混合沿着火山的斜坡一路冲下，这些火山碎屑流能够从主出口向四面八方蔓延。

圆顶爆炸

火山顶或侧面被浓厚岩浆堵塞的出口突然被冲开或被大量气体分离。爆炸将灰烬、气体和岩石沿火山侧面抛下，这些火山碎屑流有时也被称为“燃烧的云”。

顺流而行

1991年，发生在日本九州岛云仙温泉的圆顶爆炸释放出大量的火山碎屑流，夺去了41条生命并摧毁了一所小学和705座房子，8,600多人被迫疏散。

菲律宾皮纳图博火山喷发两天后的尘云

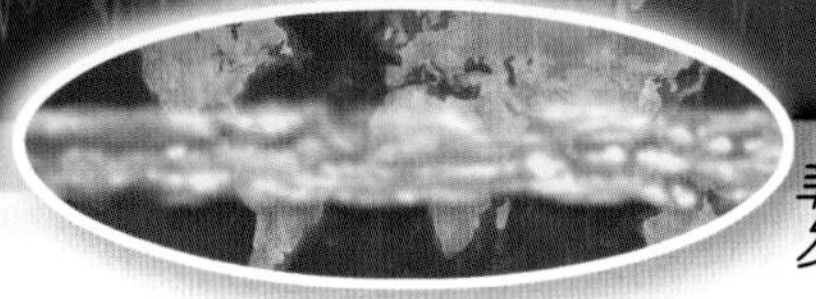

菲律宾皮纳图博火山喷发两个月后的尘云

喷发之后

熔岩、灰烬和气体并不是火山喷发的惟一危险。火山喷发的余波也同样危及生命，通常危害性更大。喷发云中的雨、被热量融化的雪和冰、塌陷的火山湖和地颤都能引发山崩和泥流，也就是我们常说的火山泥流。熔岩、泥土和火山碎屑流也能堵塞河流，导致洪涝灾害。在沿海地区，山崩也能转而引发海啸。

受到火山喷发影响的群体也容易遭受其他威胁。如果供水和排水系统中断，那么疾病就会迅速传播。堵塞的公路和铁路也会妨碍医疗救援队去营救幸存者。如果庄稼被毁，人们就会挨饿。

从长远来看，火山会对当地和全球气候产生重大的影响。火山这些大烟囱排放出的天然气溶胶或污染物会扩散至整个大气层。大量硫元素丰富的火山喷发使得空气中充满着硫酸的小液滴，这样会干扰太阳射线并降低地面温度。氟和氯会破坏臭氧层，这是阻挡太阳有害射线的一层薄云层。不过，最后火山气体会变薄，气候又稳定下来，臭氧层也恢复原状，直至下次火山喷发。

被吞没

1985年11月13日深夜11点，一场严重的泥石流吞没了哥伦比亚的阿麦罗城，2,3万多人丧生。附近45千米外的内华达德鲁兹火山喷发了少量熔岩，融化了山顶的雪引发了这场泥石流。

背景故事

俯视火山

1989年11月，一架荷兰飞机在飞越阿拉斯加时，受到了火山的“问候”，让乘客和机组人员恐慌不已。里道特火山喷发散发出的灰烬干扰了这架飞机的四个引擎，导致飞机默默地往下俯冲。飞机俯冲了3.2千米后，飞行员才成功重启引擎并安全着陆。这次恐慌使得航空当局开始考虑火山灰对航行的威胁。现在，阿拉斯加火山观测站监控着北太平洋的所有火山喷发。该监测站定期受到美国和俄罗斯火山学家们的报告并运用卫星跟踪灰云。为了预测火山喷发，科学家们定期在阿拉斯加的16座最危险的火山上进行气体调查。

死神降临

1815年4月，印度尼西亚坦博拉火山的爆发是历史上最严重的火山喷发。一万多人当场死亡，还有几千人遭受着火山爆发的后续影响，甚至其中包括许多居住在地球另一端的人们。

大范围的饥饿

这场普林尼式火山喷发向空中释放了大约170万吨灰烬，并引发了大量的火山碎屑流。灰烬落到了印度尼西亚的许多地方，覆盖了土地、植物并导致庄稼大范围摧毁。结果，当地8万多人被饿死。

词汇解读

•**火山泥流**是印度语，印度尼西亚经常发生火山泥流，许多火山学家去那里研究这些泥石流，使得这个词得到广泛应用。

•**气溶胶**包含两部分含义。**Aero(空中的)**来源于希腊语aer，或air(**空气**)。Sol是指一种互相悬浮的物质微粒。在气溶胶中，细小液滴和灰尘悬浮在空中。

知识魔方

•1982年，一架大型喷气式飞机飞越印度尼西亚加隆贡火山上空的灰云时，四个引擎都停止运转，飞机下降了近8千米时，飞行员才得以重启引擎。

•1951年，新疆于田以南昆仑山中部有一座火山爆发，当时浓烟滚滚，火光冲天，轰鸣如雷，持续了几个昼夜，堆起了一座145米高的锥状体。

探索路径

•皮纳图博火山的喷发是人类记录史上最大的火山喷发之一。请看52-53页，比较一下它和其余的火山的喷发有什么不同。

•火山喷发出的毒气有哪些类别，请看42-43页。

•1980年，美国的圣海伦火山喷发引发了大型的泥石流。相关信息请看58-59页。

火山泥流

1991年6月15-16日，菲律宾皮纳图博火山喷发，320人丧生，20万人被迫离开家园。但这才只是一个开始。随后几年内，暴雨和灰烬融合形成大量的火山泥流。600人因此而丧生，人数远远多于火山喷发最初时的遇难人数。1995年，一次火山泥流使得10万人流离失所。

恶劣天气

坦博拉火山的灰烬蔓延全球，世界上许多地区气温因此降低。北美洲和欧洲的某些地区经历了有史以来最冷的夏天和冬天。因此，1816年成为著名的“无夏之年”。

光学效应

空中的灰尘颗粒使得日出和日落时的黄光及红光增强。坦博拉火山喷发后，全世界人们都看到了颜色鲜艳的日出和日落。

硫磺

沸泥塘

矿藏中的间歇喷泉

间歇喷泉与温泉

火山喷发几百年后，火山下面的区域仍然很热。这些地区就是地热区域，热量从古老的岩浆囊升高，遇到大地裂缝里的水流，致使地下深层水的温度高达270℃，比正常的沸水温度高2倍。而表层温度低的水的压力阻止了水的沸腾。可是，当浅层水流到表面，压力便会释放出来，深层的热水便会变成蒸汽并向上爆炸。由于压力的作用，水和蒸汽会像大喷泉一样喷发，被称为间歇喷泉，或者像温泉一样轻轻地咕咕冒泡。有时水和蒸汽从软土上升高，形成沸泥塘。

热的地下水会溶解周围岩石的矿物质，并将它们带往大地表层。水分蒸发时，矿物质便留在了地面，这些矿物质往往有着不同的形状和颜色。

最著名的地热区域在冰岛、新西兰北部和美国的黄石国家公园。在某些地方，人们运用蒸汽发电并用热水为房子供暖。例如，我们都知道，冰岛的所有电力都是地热能提供的。

热水仙境

地热区域有着奇特的地貌，如矿藏中的间歇喷泉，梯田间的热水槽，以及山洞中大小不同、形状各异而且五颜“六色咕咕”冒泡的水塘。这一切的上空都弥漫着如云的蒸汽。

保暖

日本岛上的温泉比比皆是。在日本本州岛上，猕猴已经学会冬天在热水里洗澡保暖。

蒸汽动力

冰岛的这个池塘的水来自于温泉。在附近的发电站，火山蒸汽用于为涡轮发电机提供发电动力。

词汇解读

•**喷泉**这个词在冰岛语中的意思是“喷出”或“向前冲”。

•**地热**这个词的英文单词由两个希腊术语组成，意思分别是“地球的”和“热的”。地热活动是由地球内部引起的。

知识魔方

•世界上最高的间歇喷泉是美国黄石国家公园中的蒸汽船间歇喷泉。其水柱高达115米，比30层楼还要高。

•有史以来最高的间歇喷泉是新西兰的维芒古（黑水）间歇喷泉。1900年到1904年间，维芒古喷泉喷射高达460米，与125层楼一样高。

探索路径

•探路者温泉和间歇喷泉形成的热量来自于地幔里的熔岩袋的能量。请看8-9页。

•除了间歇喷泉，冰岛有无数座活火山和两个大型破裂带。请看56-57页。

•你知道别的星球上也有间歇喷泉吗？请看60-61页。

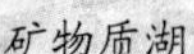

矿物质湖

间歇喷泉

间歇喷泉喷发的原理

科学家们也没能准确了解间歇喷泉喷发的原理，因为没有人能深入到炽热的地下看看它们是怎么喷发的。但是实验证明了下列情形下会产生喷发。

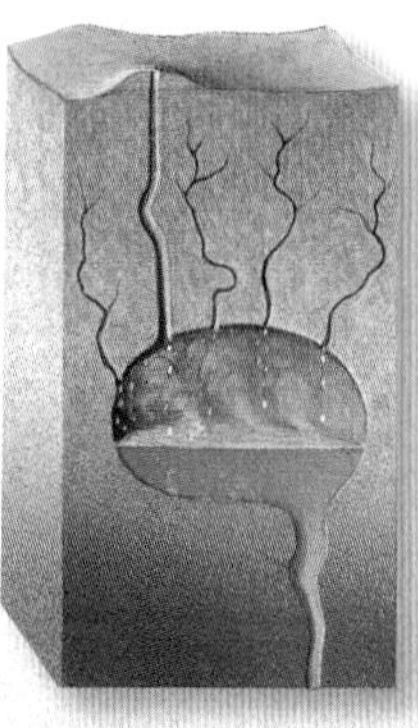

地表的水顺着土地的缝隙和一个主水道，渗透到一个地下溶洞里。来自岩浆囊的热量将洞中的水加热，但是土地缝隙和主水道里的水向下的压力使水无法沸腾。

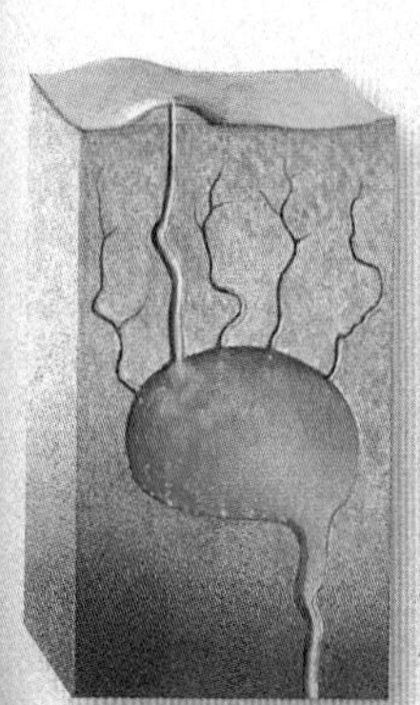

当缝隙和主水道里的水将洞填满时，水最终会向上涌至地表。当这种情况发生时，洞中的压力释放出来，水立刻沸腾起来，水顺着缝隙向上喷发出地表。

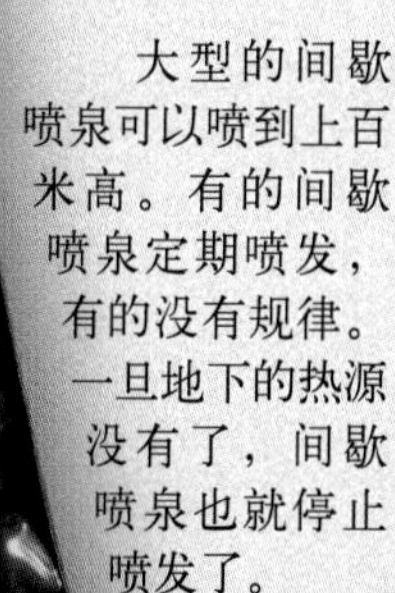

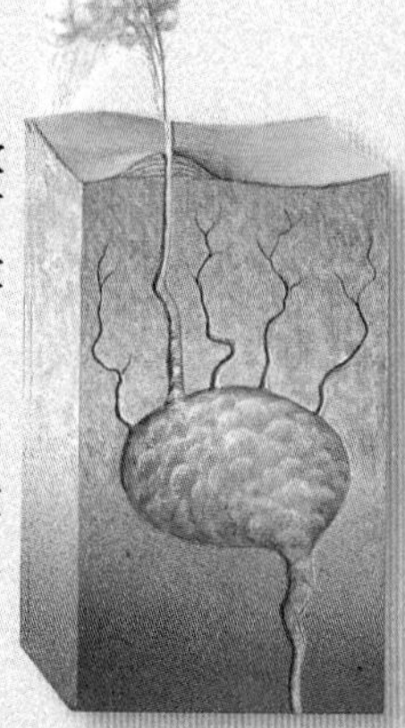

大型的间歇喷泉可以喷到上百米高。有的间歇喷泉定期喷发，有的没有规律。一旦地下的热源没有了，间歇喷泉也就停止喷发了。

自己动手

制造一个间歇喷泉

用一些简单的道具就可以制作一个间歇喷泉。

1. 用一个大碗盛一碗水，将一个漏斗倒过来放在碗里，使漏斗细的那边露在水上。

2. 拿一个可弯曲的吸管，将一端插入水底的漏斗下面，另一端悬挂在碗边缘上。

3. 向吸管吹气，看看会发生什么。

水从漏斗顶端喷出来，就像一个间歇喷泉。你吹气造成的压力迫使水上涌。间歇喷泉就是这个道理，但是间歇喷泉的压力是由岩浆囊产生的热量带来的。

玄武岩　　流纹岩　　安山岩

火山地貌

火山每次爆发，形态都会改变。爆炸会形成新的火山口，熔岩流为火山增添新的岩石层。每次火山喷发都会改变其外形，普林尼式火山喷发会产生最显著的转变，火山喷发后，岩浆囊空空如也，火山喷发形成新的火山口，即火山喷口。熔岩或新爆炸椎体的圆顶会在火山喷口内增长，在火山内部形成一个新火山。

即使火山变成休眠火山或死火山后，它们也一直在变化。雨、风和水流都对它们有所影响。风和雨冲刷着岩石，雨水填满了火山口，水流在斜坡上划出一条条深沟，几百万年以来，它们腐蚀着火山的柔软外表，使其露出坚硬的熔岩骨架。熔岩骨架包括最初在地下通道和出口形成的特征，如岩塞和岩脉。

大部分火山岩浆硬化成玄武岩、安山岩和流纹岩。由于冷却的方式不同，硬化的火山岩浆呈现出奇特的形状。在水里迅速冷却的岩浆会形成大型枕状土丘，一些岩浆硬化成高的六角柱体，最后所有的岩浆都分解成非常肥沃的土壤。所以尽管有火山喷发的危险，人们还是住在活火山附近。

风琴般的岩浆

美国加利福尼亚的这些高火山岩山看上去就像教堂风琴的管子。它们是由岩浆流冷却形成的。岩浆冷却时会收缩并分裂成六角体。

火山出口处岩浆形成的岩塞和岩脉

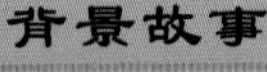

背景故事

住在精灵塔里

我叫亚士尔，住在土耳其的格雷梅。我的房子是一座高耸的尖顶石塔，老人们称尖塔为“精灵塔”，据说这些尖塔曾经是精灵们的家。但我们的老师说这些尖塔是几百万年前河水磨损了柔软的火山岩而形成的。大约1万年以前，人们开始在这里居住。我们的房子很舒适。这些岩石冬暖夏凉。我们有很大的客厅、一个厨房和三个卧室。最近，我爸爸认为我们还需要一个房间，所以他又开始往岩石深处挖。

洪流玄武岩

我们地球的某些部分覆盖着深层岩浆，这就是洪流玄武岩。热点爆发后将大量的熔化岩浆浇灌在周围的土地上，大部分洪流玄武岩是这样形成的。这样的事件很罕见，隔1,000万或2,000万年才能发生一次。最著名的一座洪流玄武岩是印度中部的德干玄武岩。

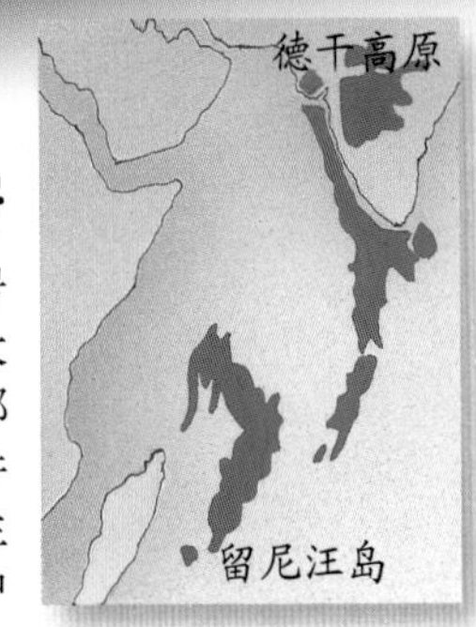

热点痕迹

德干玄武岩是6,500年以前印度地下的热点形成的。在一百万年的进程中，熔岩流蔓延至印度1/3的国土。火山岩的大部分已经磨损，但印度1/5的面积都是玄武岩。自从第一次火山喷发，印度渐渐离开热点到达现在所在的位置。海底火山链将德干高原玄武岩和热点连接起来，现在位于印度洋南部的留尼汪岛。

词汇解读

•**流纹岩**一词在希腊语中的拼写为rhyax，意为“熔岩流”。

•**安山岩**是南美洲安第斯山脉的名字，安山岩在安第斯山脉火山中很普遍。

•**火山口**来源于西班牙语**caldera**，意为“坩埚”，也是加纳利群岛一个火山口的名字。

知识魔方

•世界上最长的火山口是印度尼西亚苏门答腊岛上的多巴火山，面积为1,755平方千米。若开车时速为每小时80千米，翻越多巴火山要花一个小时。

•澳大利亚西部的布因尼日格尔岩脉长度超过600千米。开车要花两天才能跨越此岩脉。

探索路径

•岩塞、岩脉、岩盖和基石都曾经是炽热熔岩的通道。请阅读第38-39页。

•熔岩流表面冷却时，形成绳状熔岩。请阅读第40-41页，看看这些熔岩，并多了解了解名称的由来。

•美国俄勒冈州最著名的一个装满水的火山喷口是火山口湖。请阅读第59页以了解更多知识。

解读地貌

火山地貌保存着熔岩喷发到达地表的痕迹。参差不齐的边缘环绕着火山口，洪流玄武岩呈现出广阔的平台和梯式侧面。侵蚀严重的地貌可能显示出曾经流向火山的地下通道，一般是脊线（岩脉）和高塔（岩塞）。

岩墙

火山岩浆塞满裂沟时，岩脉形成。如果熔岩比周围的岩石硬，那么最后岩石会被磨掉，形成一条长长的脊线，叫做岩脉。这条岩脉位于澳大利亚的西北部。

由许多熔岩层构成的高原，这里是指洪流玄武岩

盛满雨水的火山口湖

包括小火山口的火山喷口

经常流入水平基石的垂直岩脉

裸露表面的古代岩盖

古老的熔岩流

古代岩盖上向上突出的分层沉积岩

在岩石层中可以见到岩浆凝固形成页状岩石，叫做岩床

熔岩层

德干玄武岩形成厚度约为1.6千米的大高原。在很多地方，河流通过火山岩时分开，显示出形成高原的熔岩层，每个层面都表示一次火山喷发。火山喷发时间的长短不同且产生的熔岩数量不同，所以各熔岩层的厚度不同。

近距离研究

科学家们研究玄武岩中的层面以了解古代的火山喷发。他们发现一些熔岩在上面形成土壤，然后又被新的熔岩盖住。各层面之间的沙子、黏土和砾石层又说明河流和湖泊在火山喷发的间隙中形成。

便携式地震仪

热电偶

火山学

人类对火山的研究已经持续了上千年。大约2,350年前，古希腊哲学家柏拉图旅行至西西里岛，观察埃特纳火山喷发，第一次描述了岩浆冷却的样子。

整个18世纪，学者们对火山岩的来历众说纷纭，其中岩石水成论者们坚持认为许多火山岩是由海水结晶而形成的。而他们的反对者火成论者们认为，火山岩是由地球内部的熔岩上升至地表形成的。直到19世纪初期，火成论者们的观点才被证明是正确的。

火山学是指研究火山的科学。今天，火山学家利用飞机和卫星来观察火山喷发，从远处记录火山的活动。但是，如果要真正地了解火山，火山学家就要从陡峭的斜坡爬上火山，进入火山口，勇敢面对危险的岩浆、毒气与山崩。只有这样他们才能收集标本，架起仪器来记录震动和声音。

火山学家一般与当地负责公共安全的机构合作紧密，他们在可能受到火山活动影响的地区工作。通过对当地火山的现状及其历史的研究，火山学家能够预测该火山下次喷发的可能性。

冒险的职业

火山学家工作的时候必须时刻对危险保持警惕，比如说不稳定的地面和突然冒出的岩浆、毒气。

背景故事

活力二人组

法国科学家莫里斯和凯蒂娅卡拉夫特是火山学历史上两位杰出的人物。

1954年，7岁的莫里斯目睹了意大利的斯特龙博利火山喷发，从此开始对火山产成了浓厚的兴趣。15岁时，他参加了法国地质学协会并发表了他的第一篇科学论文，也正是在此时，凯蒂娅与莫里斯在大学里相遇。

他们一起研究，拍摄世界各地的火山。他们对火成碎屑物非常感兴趣，因为这是“最致命、最危险的物质”。不幸的是，1991年6月3日，日本云仙市火山喷发，火成碎屑流将莫里斯夫妇和其他39人一起卷走。全世界为失去这两位勇敢的火山学家哀悼，但是他们重要的研究永传于世。

词汇解读

•**水成论者**这个名字源自Neptune（海王星，罗马的海神）。而**火成论者**则源于Pluto（冥王星，罗马的冥神）。这些名字都分别与这两个群体对火山岩的起源有关。

•**火山学**这个词是由意大利语Volcan（火山，罗马的火神）和希腊术语logia（箴言集，意为一种知识分支）两个词组成。

知识魔方

•夏威夷火山监测局的地震仪非常敏锐，能够监测到岩浆从地幔或地壳的岩浆库升高一直到达地表。

•使用探冰雷达的航空监测可以监测到南极冰原之下1.6千米处的活火山。

探索路径

•科学家们也用地震仪来监控地震。请阅读第26-27页，来了解更多知识。

•了解一下火山喷发的形式。请阅读第38-39页。

•1980年，科学家们监测到警告信号并帮助许多居民在美国圣海伦斯火山剧烈喷发之前成功撤离。请阅读第58-59页，了解更多相关知识。

实地考察

火山学家们进行团队协作，每位科学家都负责一个专门项目。有的科学家用热电偶检测熔岩的温度，有的用便携式地震仪监控所有的震动。工作时离熔岩最近的科学家穿着抗热服。

测量火山口的大小

测量熔岩的温度

研究熔岩

科学家们从一端带有叉子的长杆舀取熔岩。他们研究熔岩样本以了解火山岩的形成和构成。他们也可从中发现熔岩最初来自于地球内部的哪一部分。

一些熔岩流包括地幔的一些岩石，为科学家们的研究工作提供了素材。下图中熔岩流中的绿色部分是大块橄榄岩，形成于地下40千米。

火山学家在显微镜下观察熔岩的薄片，来确定这块岩石的矿物质构成，从而推测出火山之下的岩浆种类，这也能为研究火山喷发的方式提供线索。

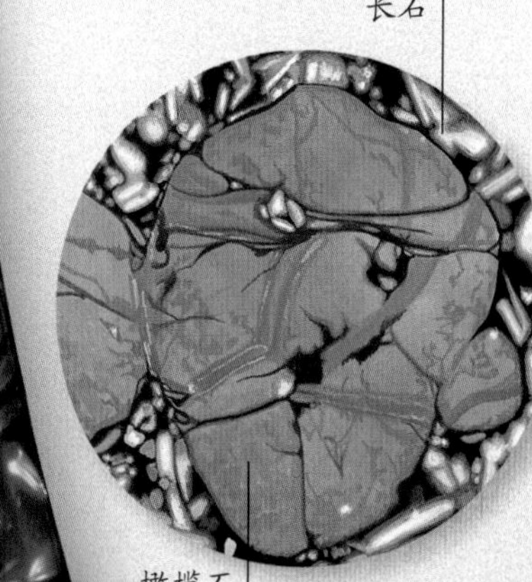

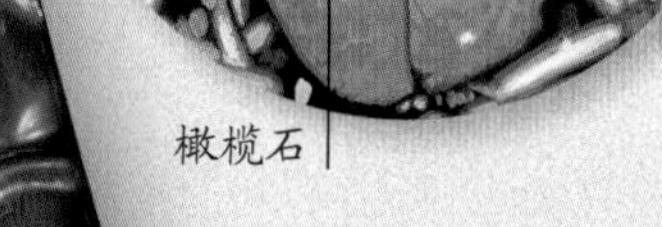

火山喷发的强烈程度

火山喷发所喷射的物质数量能够很好地展示火山喷发的能量。维苏威火山的能量是圣海伦斯火山的3倍，喀拉喀托火山的能量则是圣海伦斯火山的18倍，坦博拉火山的能量是圣海伦斯山的80倍，它是目前最剧烈的火山喷发。

坦博拉火山，1815年　喀拉喀托火山，1883年　诺瓦拉普塔火山，1912年　皮纳图博火山，1991年　维苏威火山，公元79年　圣海伦斯火山，1980年

(4) 1982年，印度尼西亚的加隆贡火山

1982年4月5日到1985年1月8日，爪哇岛上的加隆贡火山反复喷发，散发出大量的灰云和火山碎屑流，8万多人不得不撤离本地。

大型火山喷发

综观人类历史，火山喷发已经改变了地貌并影响了全世界很多人的生活。而有些国家的火山喷发比较多。这些国家大都位于碰撞带，即地壳构造板块互相碰撞的区域。还有一些国家位于热点或大裂缝附近，如非洲的东非大裂谷。

1万多年以来，全世界发生了近1.4万次火山喷发。大型火山喷发是指喷发时释放出巨大能量、喷涌出大量熔岩或者造成灾难性破坏。剧烈爆炸喷发会产生许多伞状灰云和浮石云。科学家们通过测量这些云层的体积，可以估算不同火山喷发的能量。他们还据此创建了火山喷发指数，用0–8级来表示火山喷发的能量。人类有记载的5,000多次火山喷发中，只有160次火山超过4级，60次超过5级，20次超过6级。

但火山喷发的大小并不是其破坏力的决定因素，有时小型的火山喷发也可能造成致命的破坏。例如，1985年，哥伦比亚内华达德鲁兹火山的冰盖下发生了小型的熔岩喷发，引发了泥石流。在这次火山喷发中22,000人丧生，整个村庄被摧毁。

危险地带

火山和地震一样，容易在板块边缘或热区喷发。印度尼西亚的火山密度最高，仅爪哇岛就有50座活火山。最危险的火山位于人口密度非常高的地方，如印度尼西亚、菲律宾、日本和美国中部。

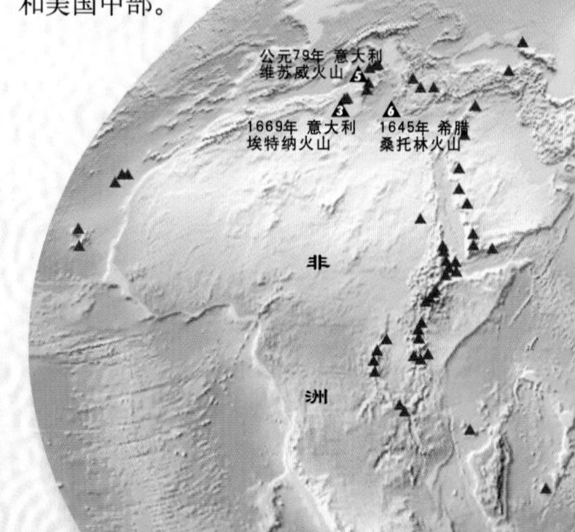

(6) 1883年，印度尼西亚的喀拉喀托火山

1883年8月28日，该火山的喷发导致巨大灾难。火山灰云中的火山物质大量落入大海，引发海啸，夺去了36,000人的生命。

背景故事

幸存者自述

1902年，培雷火山喷发，仅有很少的幸存者能够讲述自己的亲身经历。一个名叫哈维亚·达·艾弗瑞丽的小女孩在火山喷发时正要去山上的一个商店。她看到“沸腾的东西”朝她涌来，她跑向哥哥的小船，成功地划船到达海蚀洞。后来，她回忆起“山的整个侧面似乎都裂开了，朝尖叫的人群呼啸而来”。奥古斯特·西帕瑞斯被关在地牢里，毫无疑问他逃过此劫。他后来跟随巴纳鲁贝利马戏团在美国巡回演出，称自己为“圣·皮埃尔的犯人”，住在仿制的牢笼里，他向入迷的观众们讲述着自己神奇的逃生经历。

词汇解读

•1883年喀拉喀托火山喷发时，火山坍塌，在海里形成巨大的火山口。1927年，火山口中央又从海里增长出新的火山，人们称它为**阿纳喀拉喀托**火山，在印度语中便是“喀拉喀托火山之子”。

•**基拉韦厄**是夏威夷语，意思是“大量喷涌”，这是指火山喷发时大量涌出熔岩。

知识魔方

•1883年喀拉喀托火山喷发时，5,000千米以外的人都能听到。此火山散发的能量是已爆炸的最大原子弹能量的26倍。

•1815年，坦博拉火山喷发时，火山碎屑流流速为每秒5亿吨。是5,000艘远洋邮轮的总重量。

探索路径

•大部分火山都是地球的构造板块之间发生碰撞而形成的。请翻至第14-15页阅读相关知识。

•你能想象亲眼看到火山喷发的感受？请阅读第38-39页。

•了解内华达德鲁兹火山和皮纳图博火山喷发的情形。请阅读第44-45页。

(6) 1991年菲律宾的皮纳图博火山

320人在1991年6月15日的火山喷发中丧生，但是许多人得以逃生。火山学家们提供信息帮助了当地79,000人在火山喷发之前撤离。

(1) 1983年美国夏威夷的基拉韦厄

1983年1月8日的火山喷发最后成为基拉韦厄有史以来最长最大的侧出口喷发，16年以后的1999年，熔岩还在流动。

(4) 1902年，马提尼克，培雷火山

1902年5月8日上午7点52分，马提尼克的主要城市和港口，被培雷火山喷发出的岩石屑、火山灰以及岩浆吞没，约有29,000人死亡，整个城镇只有3人幸免于难。

1956年 苏联 别济米扬内火山
1912年 美国 诺瓦拉普塔火山
1980年 美国 圣海伦斯火山
北美洲
1982年 墨西哥 埃尔奇琼火山
1902年危地马拉 圣玛丽亚火山
1902年 马提尼克岛 培雷火山
1991年 菲律宾 皮纳图博火山
1815年 印度尼西亚 坦博拉火山
大洋洲
南美洲
1886年 新西兰 塔拉韦拉火山
公元186年 新西兰 陶波湖火山
1991年 智利 哈得孙火山
南极洲

图例

火山▲

大型火山 (数字表示火山喷发等级)

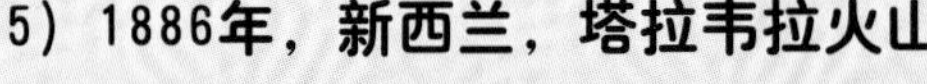

(5) 1886年，新西兰，塔拉韦拉火山

1886年6月10日，塔拉韦拉火山突然喷发。岩石与泥石流将乡村、旅馆、农场和森林都埋在了下面。100多人因此遇难，一种叫做粉红色露台的景观不久就出现了。

希腊，圣托里尼火山

意大利，斯特龙博利火山

地中海

在地中海波光粼粼的蓝色海水下面，非洲板块在亚欧板块下面缓慢推动，致使火山喷发沿着地中海北部海岸蔓延，而且地震也经常发生。地中海式火山主要分为两种，第一种在意大利南部的最活跃地区，其中就有维苏威火山和那不勒斯附近的坎皮佛莱格瑞火山，以及西西里岛的埃特纳火山；第二种火山横跨爱琴海，包括圣托里尼岛、尼西罗斯岛和希腊的科斯岛。

大约3,500年前，圣托里尼岛是有史以来最剧烈火山喷发的所在地之一。爆炸导致火山坍塌，并形成一个大的火山喷口，这个火山喷口后来被海水淹没。最严重的火山喷发发生于公元79年，当时维苏威火山上的灰烬、泥土和火山碎屑流淹没了庞贝和赫库兰尼姆。

维苏威火山已经喷发过很多次，而且对山脚下的那不勒斯城造成很大的威胁。那不勒斯城人口有300万。尽管维苏威火山自1944年已经沉寂了，但科学家一直在密切关注着这座火山。西西里岛上的埃特纳火山活动更加频繁，每隔几年就会喷发熔岩流，严重威胁着附近的城镇。

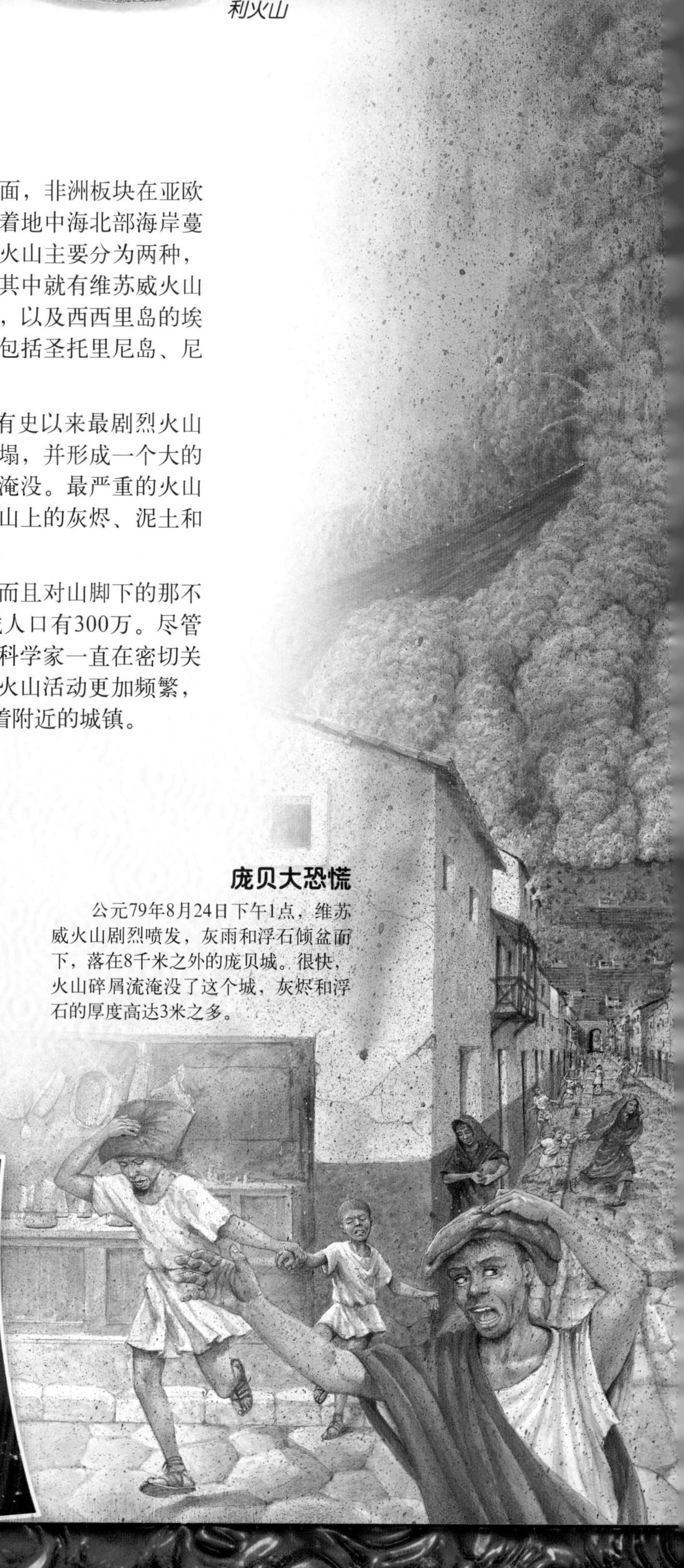

庞贝大恐慌

公元79年8月24日下午1点，维苏威火山剧烈喷发，灰雨和浮石倾盆而下，落在8千米之外的庞贝城。很快，火山碎屑流淹没了这个城，灰烬和浮石的厚度高达3米之多。

奇特景观

埃特纳火山的定期喷发呈现出的壮观景象，就像烟火演出一样。火山喷发的熔岩流严重威胁着当地的城镇和村庄，其中就包括山脚下的卡塔尼亚市（见下图）。在1993年，科学家们成功改变了熔岩流的流向，扎非纳鲁村幸免遇难。

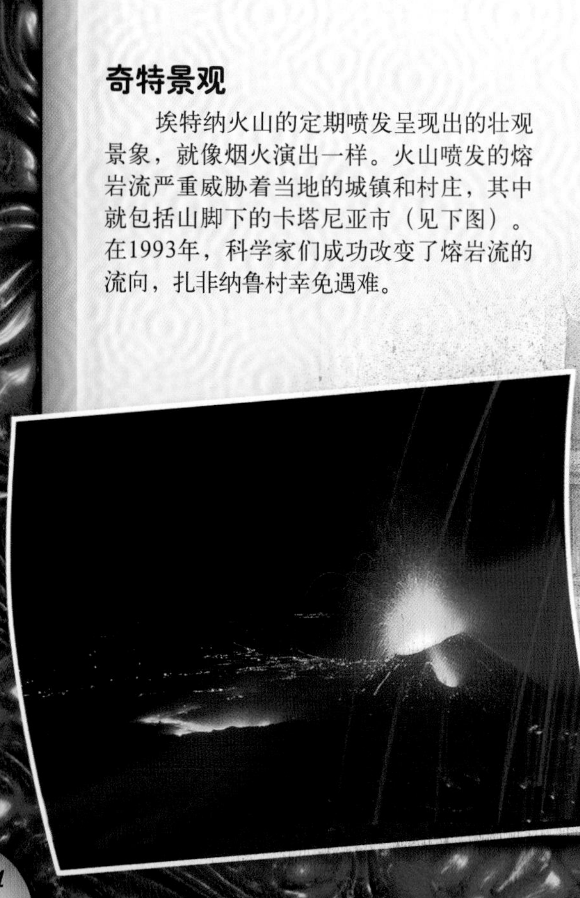

词汇解读

•意大利那不勒斯附近的**坎皮佛莱格瑞火山口**的名字由意大利语**campi（田地）**和**flegrei（燃烧的）**组成的。

•**圣托尼里岛**来源于希腊语**Thera（锡拉岛）**。Thera是公元前1000年统治希腊的斯巴达首领的名字，后来这个岛屿在中世纪被改为其守护神的名字——圣·爱莲。

知识魔方

•公元79年，在维苏威火山喷发之前，周围的居民并不知道火山是什么，因为600多年来，维苏威火山从未喷发。火山喷发后，庞贝城被深深掩埋，当地人已经忘记了它的存在。直到19世纪，考古学家挖掘出这座城市并重新找到了它的名字。

探索路径

•看看穿越地中海的板块边界。请阅读第10-11页。

•了解一下地中海区域发生了哪些大型地震。请阅读第30-31页。

•1996年，蒙特塞拉特岛的普利茅斯的火山喷发散发出大量灰烬，当地居民不得不离开家园。请阅读第42-43页了解更多相关知识。

背景故事

挖掘过去

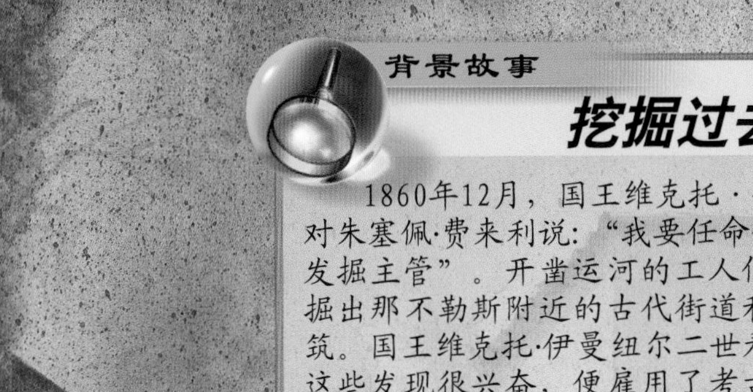

1860年12月，国王维克托·伊曼纽尔二世对朱塞佩·费来利说："我要任命你为庞贝城的发掘主管"。开凿运河的工人们挖掘出那不勒斯附近的古代街道和建筑。国王维克托·伊曼纽尔二世看到这些发现很兴奋，便雇用了考古学家朱塞佩·费来利来发掘这个被埋没的城。朱塞佩·费来利因研究古代硬币而远近闻名。费来利设计了发掘这些废墟的新方式并独创了制作灰烬中洞内石膏模型的方法，他也运用最新发明的摄影术来记录自己的发明。

时空胶囊

维苏威火山喷发出的火山灰与浮石将整个城市摧毁，但是也保留了喷发的证据和庞贝城居民的生活方式。朱塞佩·费来利发明了下面的一些方法，来铸造被埋在火山灰下面的遇难者的尸体模型。

数以千计的庞贝人窒息而死，随着整个庞贝城一起被埋在了大量的火山灰下。火山灰在他们的尸体、衣物旁堆积并紧实。

慢慢地，尸体完全腐烂，洞里只剩下骨架以及死者佩戴的珠宝和其他的较硬的物品。当考古学家发现这样的洞时，他们小心地用石膏将洞填满。

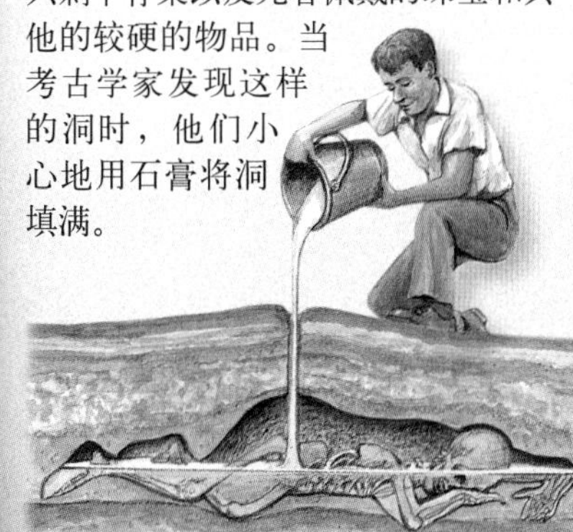

一旦石膏硬化，火山灰被小心翼翼地取出，露出一个完整的尸体模型。这样的尸体有些还未被人类发现，而有些已经在博物馆展出。

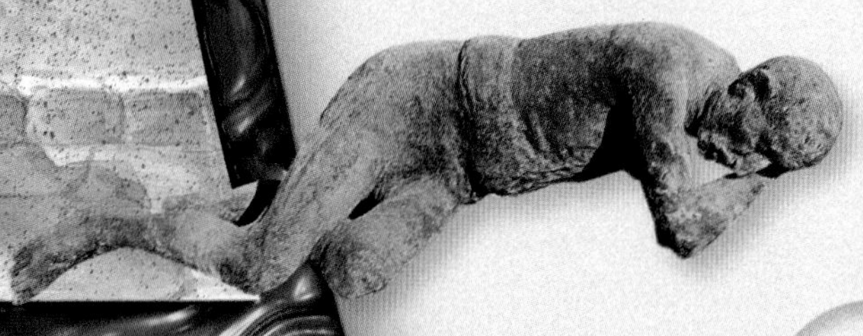

拉基火山口

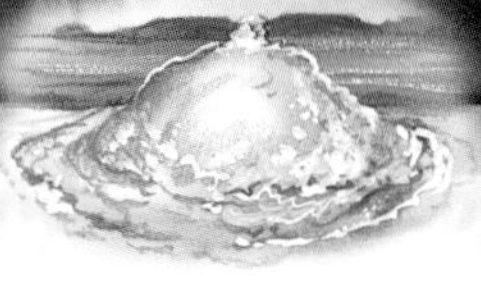

史托克喷泉

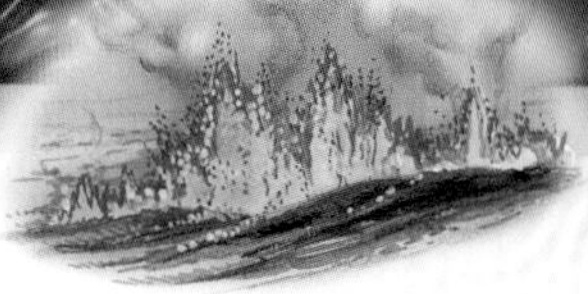
克拉夫拉火山裂沟

冰岛

冰岛有“冰火之岛”之称。冰岛表面终年都非常寒冷，但冰岛地下却是燃烧的火山。这种现象有两种合理的解释：一方面，冰岛位于热点之上；另一方面，冰岛坐落于中大西洋海岭（海底蔓延区域）上。热点和海底蔓延区域共同作用，引发大量的火山熔岩，这些火山熔岩经常从出口、裂沟和火山口爆发。

中大西洋海岭位于冰岛中部，纵贯北部到西南部，形成一条宽约64千米的裂缝和裂沟。冰岛正在开始分离（其分离速度接近于人类指甲增长的速度）。热点位于冰岛东南部的地下，克拉布拉火山位于热点上方的脊线上，裂沟处经常有火山喷发。冰岛历史上最大的火山喷发有1104年的赫克拉火山喷发、1362年的厄赖法耶屈德尔火山喷发、1875年的阿斯恰火山喷发，930年的埃尔加火山喷发和1783年的里德火山喷发。

冰岛的居民们不得不学会与危险的火山喷发共处，而他们从当地的火山喷发中也获益不少，冰岛80%多的家庭都是用地热供暖，而且地热还为大部分涡轮发电机提供动力。当地的火山景观、间歇喷泉和温泉吸引了全世界的游客。

一分为二

在冰岛，海底蔓延出现在陆地上。中大西洋海岭一侧的海洋板块向两边移动，它们会相反方向推动岛屿的东西两侧。这就导致狭小的土块下陷，形成断层。如下图所示为冰岛北部米湖附近的断层。

背景故事

停滞的熔岩

1973年1月，形势似乎已无法逆转，毁灭在即。熔岩正要穿越韦斯特曼纳群岛的海岸，马上就要阻塞当地的港口，德高望重的火山学家表示人们应该撤离这个岛。但物理学家则持不同观点，他建议用软管吸取冰凉的海水去冲熔岩，使其冷却。人们自告奋勇，使用47根管子冲刷熔岩。美国的地质学调查称之为：“控制熔岩流的最伟大尝试”。人们用掉了600万吨海水，终于在3个月后阻止了熔岩流的前进。

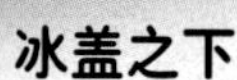

冰火交融

冰盖之下

冰岛东南部的格里姆火山位于瓦特纳冰川冰盖之下，瓦特纳冰川是欧洲最大的冰层。1996年9月，格里姆附近的火山爆发，炽热的熔岩融化了瓦特纳冰川中180米的冰盖，散发出汹涌的云状灰烬和蒸汽，这次火山喷发持续了13天。

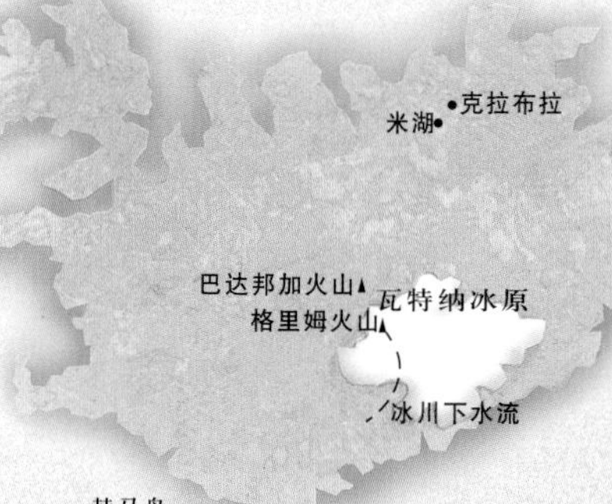

词汇解读

•**瑟尔塞岛**是以Surtur命名的，Surtur是冰岛神话中的巨人。Surtur的工作就是当众神不再需要这个世界时烧掉它。

•**冰川**多在高山或两极地区，冰因重力作用沿山坡下滑，这种移动的大冰块叫冰川。

知识魔方

•自公元1500年火山喷发出的熔岩流总量来看，冰岛已产生了其中1/3的熔岩。

•1783年拉基火山喷发是史上最大的熔岩喷发。这次火山喷出了13立方千米的熔岩流，足以淹没一个直径为24千米的城市。火山散发的火山灰甚至飘落至中国。

探索路径

•冰岛的西部位于北美板块之上，而东部在欧亚板块。请阅读第10-11页了解板块的更多知识。

•看看反向的板块是怎样形成断层和裂谷的。请阅读第12-13页。

•冰岛的火山喷发产生了大量的熔岩流。请阅读第40-41页，了解不同种类的熔岩流。

•你知道“间歇喷泉”一词源于冰岛吗？请阅读第47页。

燃烧的城镇

1973年1月23日，赫马岛附近的裂沟喷发出熔岩流。当地城镇的许多建筑都被掩埋在大量的灰烬之下。而其他的建筑被厚重的熔岩摧毁，熔岩还将冰岛的面积增加了2.6平方千米。熔岩阻塞了港口。

一个新岛屿的诞生

1963年11月15日，冰岛南岸的海底火山喷发。爆炸喷发出大量的蒸汽云和高耸的熔岩柱，熔岩在海底堆积，最终形成了新的岛屿，即瑟尔塞岛。

冰冷的奔流

那年10月，几十亿加仑的融水流入冰下的火山口。11月5日，湖水泛滥，引发大洪水，冲走了部分冰盖。

洪水过后

洪水的流速为每秒将5,500立方米，相当于刚果河的流速。洪水里有着大块的石头和冰块，它们毁坏了桥梁、电源线和公路。幸运的是，洪水只持续了一天。

美国华盛顿的雷尼尔山

加拿大不列颠哥伦比亚的加里波第山

北美洲西部

在北美洲西部，海洋板块挤压大陆，产生了两条火山链。其中一条从加利福尼亚州、俄勒冈州、华盛顿州延伸至加拿大的不列颠哥伦比亚，这条火山链包括圣海伦斯山、雷尼尔山和加里波第山。较小的胡安·德富卡板块和戈尔达板块用力推进北美板块引发了这里的火山喷发。另一条火山链沿着阿拉斯加的南岸延伸，太平洋板块向下推动北美洲板块，堡垒火山、韦尼阿米诺夫火山和奥古斯丁火山便会喷发。

1万多年以来，这两条火山链发生了大量的火山喷发。其中最剧烈的一次喷发是大约6,800年前的马扎马火山，形成了俄勒冈州的火山湖。1912年，阿拉斯加南部的诺瓦拉普塔火山喷发出炽热的熔灰岩火山碎屑流，它们填满了一个大峡谷，并熔化了灰烬碎片。这个峡谷后来成为著名的万烟谷。

近几年最引人注目的火山喷发就是1980年5月圣海伦斯火山的喷发。尽管这是一次相当小的喷发，它的爆炸和影响都被详细记录，全世界的人们由此注意到火山的强大威力。

燃烧的阿拉斯加

阿拉斯加火山喷发通常规模很小，韦尼阿米诺夫火山是典型的阿拉斯加火山，经常喷发出一些灰烬柱、火山碎屑流时而发生，但熔岩流很罕见。

警告标志

圣海伦斯山发出很多火山即将喷发的警告，包括地震、小型喷发以及岩浆升高至表面导致火山北侧不断突起。1980年5月18日上午8点32分，地震引发了山崩并导致火山的上半部分坍塌。

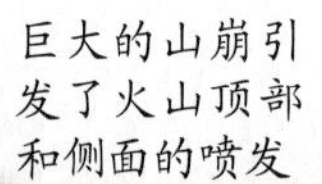

巨大的山崩引发了火山顶部和侧面的喷发

火山北侧岩浆开始堆积

背景故事

鸟瞰

1980年5月18日，地质学家基斯和桃乐斯·斯托菲尔坐着小型飞机飞越圣海伦斯火山。他们渴望近距离观察这座从3月就开始隆隆作响并冒烟的火山。当他们靠近火山顶峰时，突然注意到岩石和碎冰向内进入火山口，顶峰的整个北侧开始滑动，然后发生了巨大的爆炸。他们的飞机被迫做大角度俯冲以逃避喷发的蘑菇云。最终两人成功逃脱，不仅拍摄了大量生动的照片，还讲述了令人称奇的故事。

词汇解读

•万烟谷这个名字是罗伯特·格里格斯起的，他是1912年调查诺瓦拉普塔火山喷发考察队的队长。他因为看见许多气流从滚烫的熔结凝灰岩里喷出，就为该山谷起了这个名字。许多年后，气流和烟已经停止喷发了，但是名字却流传了下来。

•熔结凝灰岩这个词来自于拉丁语ignis，是“火”和“阵雨”的意思。

知识魔方

•1912年，诺瓦拉普塔火山喷发的爆炸声在其东部1,200千米之外美国阿拉斯加首府朱诺都能够听到。但是，由于当时刮的是东风，该地西部160千米处的科迪亚克的居民并没有听到爆炸声。

•马扎马火山喷发出的火山灰是圣海伦斯火山喷发出的30倍。

探索路径

•北美洲西部的火山大多数都是由于潜没俯冲造成的。请看14-15页，阅读更多关于潜没的知识。

•火山湖是火山活动众多的特点之一。请看48-49页，看看火山活动的其他特点。

•1980年，圣海伦斯火山喷发是普林尼式火山喷发。请看39页，了解火山喷发的其他形式。

被水淹没的火山口

美国俄勒冈州的火山湖里蓝色的水充满了深深的火山喷口，这个火山喷口是6,800年前马扎马火山喷发时形成的，火山湖中央的岛屿叫巫师岛，这是约4,670年前形成的火山锥。

毁灭的场面

圣海伦斯山的喷发夺去了60个人的生命。大多数遇难者在火山第一次喷发时丧生，火山爆炸时速度比音速（每小时1,200千米）还快。圣海伦斯火山喷发引发了雪崩、泥石流和灰云。

圣海伦斯火山喷发压倒了方圆600平方千米的树，并剥去了这些树的树皮，同时夺去了几万只动物的生命。美国林业局的科学家预计这里的环境要过100年才能完全恢复。

山崩喷流到附近的灵湖和图尔特河，湖水溢出，形成大型的泥石流，泥石流从山上倾泻而下，摧毁了房屋、桥梁、道路和大树。

大风将灰云向东吹了1,500千米，挡住了某些地区的阳光，毁坏了机械和交通工具，并造成人们呼吸困难。尽管这次喷发对地球上的大气层造成了片刻的影响，但它对气候并没有长期的影响。

十入高空的灰云柱

岩石、炽热的灰烬和熔岩沿着山坡呼啸而下，融化的雪和灰烬混合形成泥石流

月球上的地震仪

海王星上的冰喷泉

火星探路者号火星车

其他星球上的火山

地球并不是太阳系中唯一一个内部是火山体的行星。太阳系中有很多岩石构造的行星或卫星，包括地球的卫星月球上面，都有火山活动过的痕迹。而且现在还有很多依然是活火山。科学家们用望远镜看其他星球上的火山活动，观察航天探测器拍摄回来的照片，研究落在地球上的太空陨石以及研究宇航员从月球上带回的岩石成分。

你可以在月球表面看到古时岩浆流留下的痕迹，在撞击火山的火山坑里有大片暗色斑点。月球的岩石标本显示这些暗斑点的成分是一种玄武岩，这种玄武岩和地球上形成的玄武岩成分相似。而在夏威夷发现的一些玻璃样的水滴状火山岩叫做火山女神之泪。

火星上有死火山、古岩浆流和一些火山碎屑物的沉积物。金星上有高耸的盾状火山和大型的岩浆流，其中一些的形成时间离现在非常近。再远一点的木星的卫星之一——艾奥，是火山活动的温床，艾奥上巨大的火山喷发出大量的硫磺蒸汽形成大团云朵。硫磺的沉积物使木卫一艾奥的表面成了黄色和红色，即使是气体星球木星和海王星的卫星上也有火山活动的痕迹，这表示在这些冰冷的星球上布满了冰喷泉。

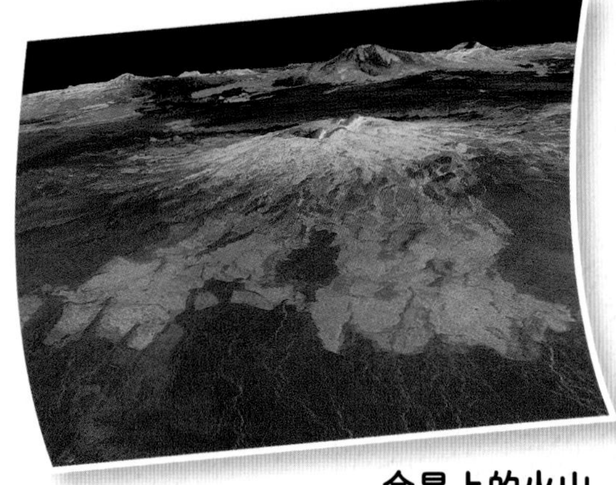

金星上的火山

这个图片是电脑用来自麦哲伦火星探测器探测回来的数据制成的。它展示了火星上最大的火山之一马特火山又升高了5,000米。图片上颜色较亮的地方是火山周围巨大的岩浆流。

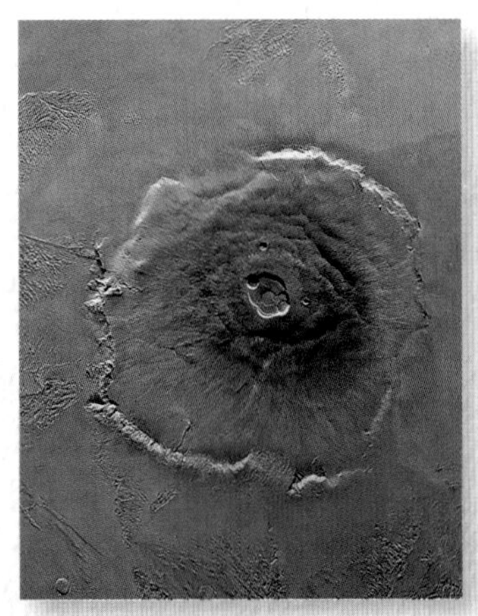

火星上的庞然大物

火星上最庞大的显著地物之一是这个叫奥林匹斯的巨大火山。约600千米宽，25千米高，最边上的悬崖有4,000到8,000米高。它可以轻松地装下地球上的夏威夷岛。

自己动手

观察月亮

用一副普通的望远镜就可以更近地观察到月球上的熔岩平原，最好的观测时间是新月和满月之间，这时月球的轮廓最清晰。在右下角的图片上标注出月球上最大的海。你可以清楚地看到黑暗的平原和撞击火山，阿波罗2号宇航员就是在静海首次登月的。想象一下你正身处那里研究火山吧！

月球上的岩浆流

月球表面有环形山，里面有岩浆构成的平原，在月球上叫做海。

冲击着陆

大概40亿至30亿年前，大量的小行星撞击到月球上，这些撞击形成了直径达1,450千米的大型火山，撞击产生的冲击波使月球的地壳断裂。

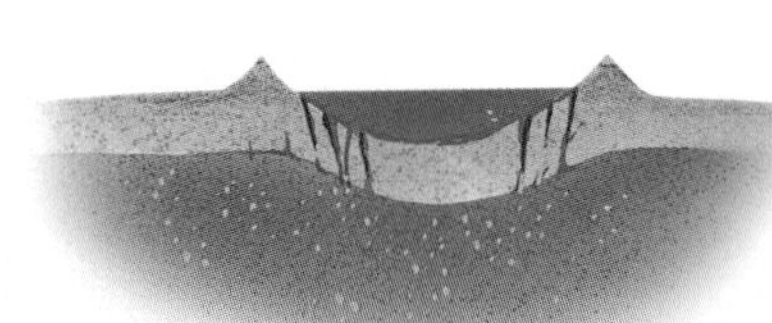

词汇解读

•**马特山**以希腊的真理和正义之神马特命名，**奥林匹斯山**以希腊的奥林匹斯山命名。

•**Mare**来自于拉丁语，是“海”的意思。在月球上，阴暗部就是岩浆海。Mare的复数是maria。

知识魔方

•火星上的奥林匹斯山是地球上最大的火山莫纳罗亚火山的20倍之多。如果把奥林匹斯山这样庞大的山放在地球上，地壳可能都会被压碎了。

•木卫一艾奥有地球的卫星月球那么大，但是它内部火山活动性的剧烈程度是地球的20倍。

•月球上的火山已经熄灭了10亿多年了，但是岩浆留下的痕迹依稀可见，因为月球上没有植物和水来覆盖它们。

探索路径

•想知道地球和其临近行星在内部结构上的区别吗？请看第8页。

•像艾奥上的火山一样，地球上有些火山也会喷发出大量的硫磺。这会对地球的气候造成影响。请看第44-45页。

•大型的玄武岩岩浆流覆盖了一部分地球，尽管许多岩石被水和植被覆盖了。请在第48-49页寻找详细信息。

硫磺烟

火山和岩浆流在木星的卫星之一艾奥上留下了很多疤痕。火山爆发时喷发出伞状的硫磺和二氧化硫可以到300千米高。你可以从旅行者号探测器拍摄的图片里看到这些疤痕。

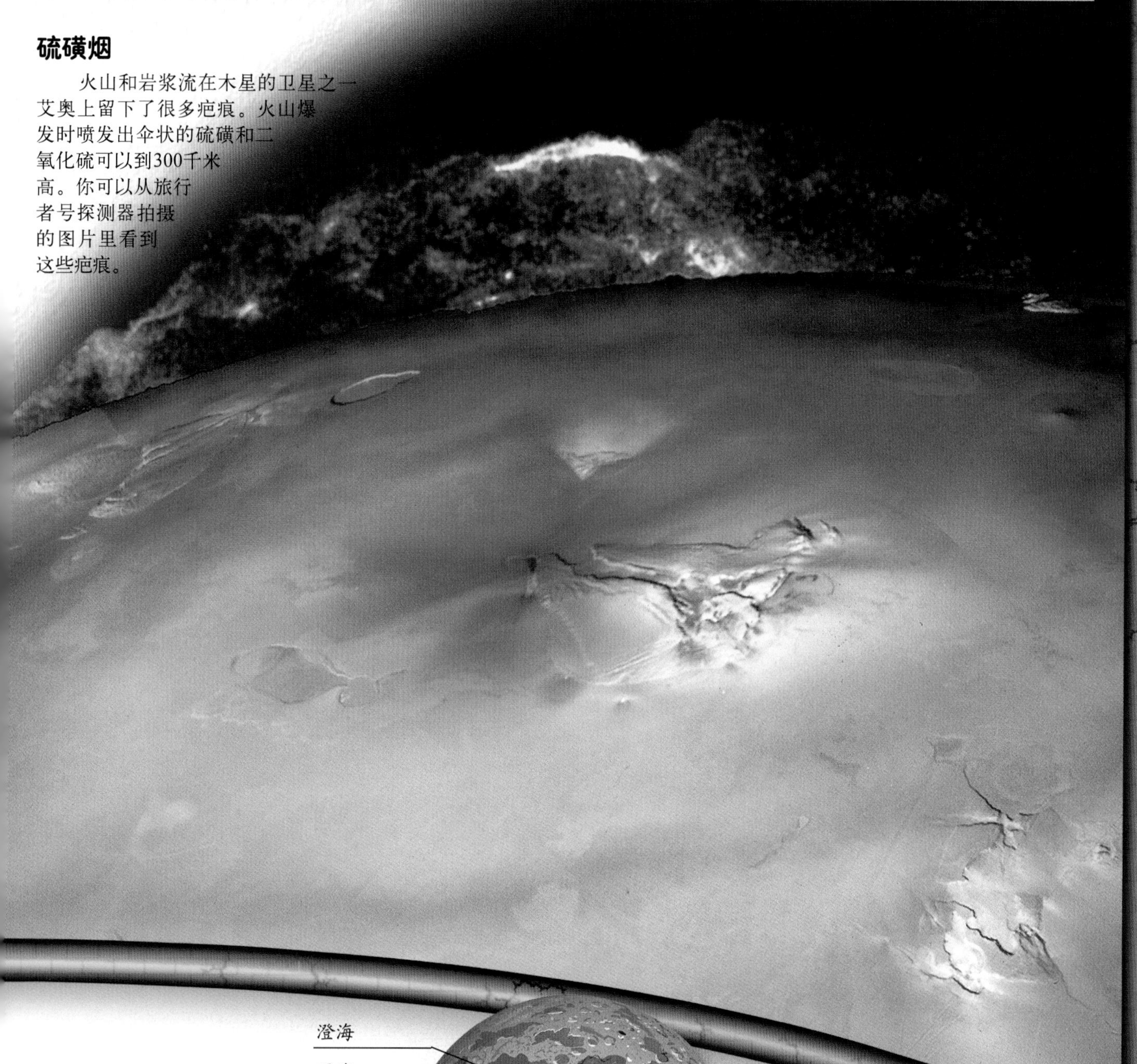

上升的岩浆

岩石的破裂释放出了地壳的一部分压力，形成了大量熔岩并且上升至地表。慢慢地，熔岩充满了火山口，形成了岩浆海，在月球上被称为“阴暗区”。

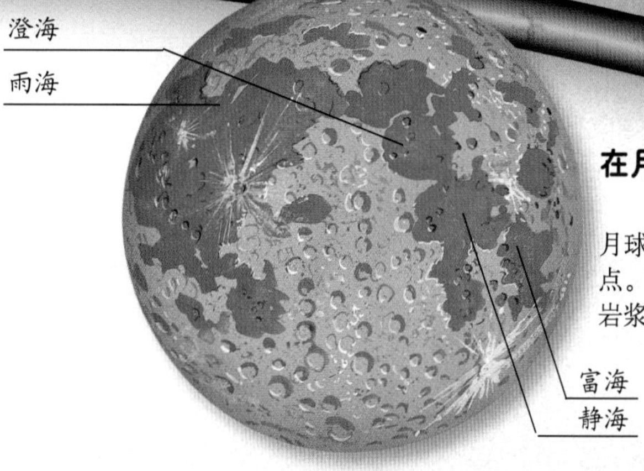

在月球的表面

充满岩浆的火山口在月球表面表现为分散状的暗色斑点。它们与浅色表示的高地不同，有些岩浆平原有上千米宽，其中最大的是雨海。

震源
泥石流

名词解释

C

侧向断层 岩石侧边移动引起的断层，也叫做滑断层或转换断层。

初波 地震波的一种，也叫P波(纵波)，当纵波震动过岩石时对岩石造成颤动。地震纵波之所以也被叫做初波是因为地震时首先发生纵波，发生在次波(横波)之前。

次波 地震波的一种，也叫S波(横波)，当次波震动时对岩石造成左右震动。S波之所以被叫做次波是因为它是地震时发生的第二种地震波。

D

大陆 地球上七个大陆分别是亚洲、欧洲、非洲、大洋洲、北美洲、南极洲和南美洲，大陆也包括岸边的大洋海底。

大洋中脊 由离散型海洋板块引起的火山活动构成长长的隆起的海脊。

岛弧 连绵呈弧状的一长串岛屿，一般形成于俯冲性海底。

地核 地球的中心。包含一个坚固的内核和一个熔融的外核，两层都是由铁和镍的合金构成的。

地壳 地球最外侧的坚固的一层，地壳的厚度从5千米到72千米不等，大陆上的高原、高山地区比较厚，大洋中的海沟、海盆地区比较薄。

地壳构造板块 在软流层上面移动的成片的坚硬岩石层。

地裂缝 地表断裂或破碎。在火山活动区，一排裂缝可能就是一排裂隙式火山。

地幔 地壳和外层地核中间的部分。包括底层地幔和软流层（柔软可流动的一层地幔）和岩石圈（地幔最坚硬的一层）。

地面波 一种在地面传播的地震波。在纵波和横波到来之后发生，造成地表上下左右摇晃。

地热能 指对来自地球内部热量的利用，比如热的岩浆、热水或温泉。

地震学 研究自然或人为原因引起的地球震动的科学。

地震仪 测量地震等级，记录地震波的仪器。

断层 指岩石向相反方向或不同的速度移动而造成的岩层断裂。

对流 流动的传递热量的液态流，比如地幔里流动的熔岩。

盾状火山 熔岩流缓慢持续地喷发，形成宽阔、低矮的盾状火山。鸟瞰这种火山很像盾牌而因此得名。

F

浮岩 一种浅颜色，多孔的，光滑的火山岩。质地很轻，能够漂浮在水中。

俯冲汇聚型边界 两个地壳板块之间相互碰撞的边界。

H

海啸 来自于日语，指由地震、山体滑坡、火山喷发引起的海潮。在浅水区达到最高，然后冲上陆地。

黑烟 海脊上喷发富含矿物质的热海水的孔。

洪流玄武岩 玄武岩岩浆流布满一大片区域，形成玄武岩高原。

活火山 定期喷发气体和岩浆的火山，每次喷发可能间隔数星期或数个世纪。

火成碎屑流 浓的热的火山毒气和火山灰以及岩石屑的混合物，顺着火山坡向下流动，速度很快。是柱状喷发和熔岩穹丘的产物。

火山 一种典型的圆形地貌，会喷发出熔岩和气体。

火山湖 充满水的火山口，有的是季节性积水，有的是永久性积水。

火山灰 火山喷发出的固体石块和岩浆被分解成细微的粒子而形成火山灰。

火山口 当火山喷发时形成的(火山坑)或者流星撞击形成的(撞击坑)。

火山泥流 火山喷发引起的泥石流。

火山喷口 岩浆库上的火山坍塌，形成巨大的圆形大坑。

火山学家 研究火山的科学家，通常对于活火山和死火山都有研究。

火山岩 从火山里喷出至地表的熔化的岩石。

J

间歇喷泉 喷气口位于地表，周期性的喷出沸水的喷泉。

K

矿石 一种地表自然形成的固体，有着有序的原子排布。

扩张增生型边界 两个地壳板块相互分离处的边界。

L

裂谷 正断层发生时岩石层分裂成两块，中间部分下沉形成的宽谷。

潜没
火山学家

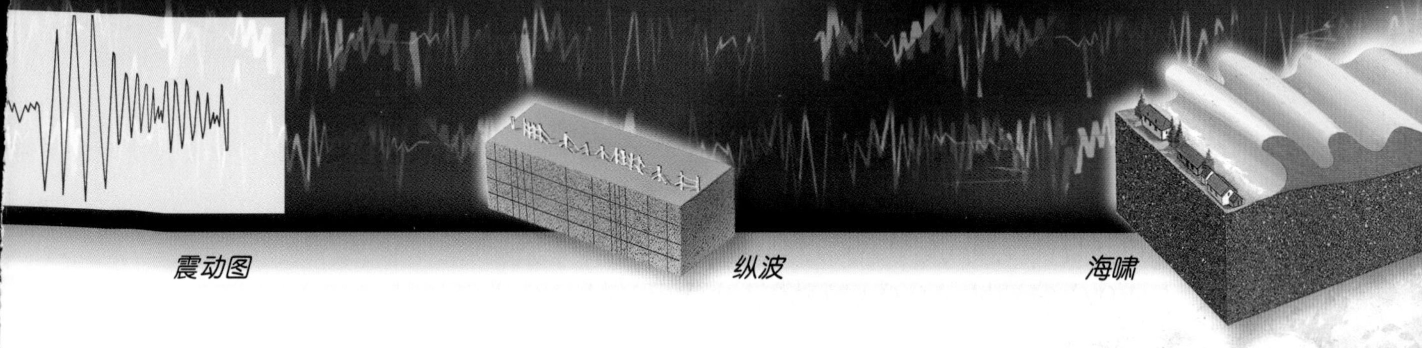

震动图

纵波

海啸

N

泥石流 由火山灰、泥浆和水构成的洪流，可能由火山喷发或是地震引起的。由火山喷发引起的泥石流也叫火山泥流。

逆冲断层 岩石层发生断裂时，上盘在下盘上面并且倾角小于45° 的断层。

逆断层 当断层面倾角在45° 和90° 之间，并且上盘相对下盘作向上运动时叫逆断层。

P

喷发 岩浆和气体等喷出物从火山口向地表和大气中的释放。

Q

潜没 一个板块俯冲到另一个板块下面的过程。

R

热点 来自上地幔中相对固定的火山的岩浆源。

热流柱 地幔里熔化的热岩呈柱状上升。这个术语也可以用于火山喷发出的火山灰柱。

熔岩弹 一块熔岩从火山里喷发出来形成岩石，大约32毫米长。

熔岩管 地下熔岩河的表面凝固时形成一个开放的熔岩通道。

熔岩流 从火山里喷发至地表的岩浆流。

熔岩穹丘 熔岩穹丘是圆形的、边缘陡峭的丘状物，是由于高黏度的熔岩缓慢沉积形成的。

软流层 软流层又叫软流圈，位于上地幔上部岩石圈之下，松软可以流动。软流层里面包含着又热又软的岩石。

S

绳状熔岩 一种光滑的表面像绳子的熔岩。

死火山 指相当长的时间内没有喷发过也没有再次喷发迹象的火山。

T

通风口 火山里面熔岩和气体喷出的管道。

X

休眠火山 暂时不活动但是有可能再次喷发的火山。

悬浮微粒 火山喷发到空气中的液态或固态微粒悬浮物。

Y

岩床 岩浆在平行岩石层之间火成的一层岩石。

岩盖 当上升的岩浆推动岩石层拱起形成蘑菇型的火山岩。

岩浆 地球内部熔化的岩石。它有可能在地球内部再度坚固或喷发至地表形成熔岩。

岩浆库 岩石圈上层里的岩浆湖，里面有火山喷发的物质。

岩脉 岩浆透过缝隙上升形成火成式岩石。

岩塞 当火山里岩浆冷却后形成的柱状火山岩。

岩石圈 地壳坚硬的外部结构，包括地壳和上层地幔。

液化 因为地震使土壤和沉积物变成液态物质。

余震 大地震过后的震动，在首次地震的震源地或其附近。

月海 月球上的深暗的较平较光滑的岩石平原，是冲击性火山喷发的熔岩凝固后形成的。

陨星 地球以外的星体物质穿过大气层落在地球表面。

Z

枕状熔岩 枕状熔岩呈椭球状，是熔岩在喷发后在水中迅速冷却、凝结而成。

震动图 用曲线描绘地震的表格或图像。

震级 根据地震释放的能量划分的地震强度等级。地震学家用里氏震级来划分震级，从0级开始，没有最高级。

震源 地球内部岩层破裂释放出能量，引起振动的地方称为震源。

震中 震源在地表的投影点。

正断层 当断层面倾角在45° 和90° 之间，并且上盘相对下盘作向下运动时叫正断层。

转换断层 相邻两盘块体之间以不同的方向和速度发生了扭动、转动，这样的断层被称转换断层。

火山灰云

轻岩

间歇喷泉

索 引

写给孩子和家长的话

本书仅代表作者个人的观点与看法，旨在为读者提供相关学科的参考知识。如果孩子们要实践书中有关的主题活动，请一定要小心谨慎，建议在家长的陪伴下进行。书中提及的实验工具等仅供参考，读者或许有更好的选择。对于直接或间接应用本书内容而造成的后果，出版社和作者将不承担任何责任。